中国传统苏绣服饰典藏

ZHONGGUO CHUANTONG SUXIU FUSHI DIANCANG

主　编　张奇伟
副主编　唐秋萍　孙滔滔
参　编　刘泓杉　王　云　华玉玲
　　　　李美玲　张锭京

苏州大学出版社
Soochow University Press

图书在版编目(CIP)数据

中国传统苏绣服饰典藏 / 张奇伟主编. -- 苏州：苏州大学出版社, 2025.3. -- (娇古系列). -- ISBN 978-7-5672-5183-0

Ⅰ. TS941.742-64

中国国家版本馆 CIP 数据核字第 2025X5L216 号

书　　名	: 中国传统苏绣服饰典藏
主　　编	: 张奇伟
责任编辑	: 孙腊梅
出版发行	: 苏州大学出版社（Soochow University Press）
社　　址	: 苏州市十梓街 1 号　邮编：215006
印　　刷	: 苏州工业园区美柯乐制版印务有限责任公司
邮购热线	: 0512-67480030
销售热线	: 0512-67481020
开　　本	: 965 mm × 1 270 mm　1/16　印张：14.25　字数：242 千
版　　次	: 2025 年 3 月第 1 版
印　　次	: 2025 年 3 月第 1 次印刷
书　　号	: ISBN 978-7-5672-5183-0
定　　价	: 328.00 元

若有印装错误，本社负责调换
苏州大学出版社营销部　电话：0512-67481020
苏州大学出版社网址　http://www.sudapress.com
苏州大学出版社邮箱　sdcbs@suda.edu.cn

作者简介

张奇伟，男，1981年生，安徽人，现居苏州。2009年创办苏州娇古苏绣艺术品有限公司，中国民主促进会会员，苏州市工艺美术行业协会理事，江苏省群众文化学会苏派旗袍艺术专业委员会委员，吴江区民间文艺家协会副秘书长，吴江开发区（同里）文联特聘副主席。2023年度姑苏乡土人才（文化传承类）文化产业标兵。

指导苏绣作品400余件，其中披肩《蝴蝶四叶草》获得2016年中国（苏州）"启迪·苏艺杯"国际工艺美术精品博览会最佳创意奖，旗袍《幸运连连》获得2020年首届苏州文旅创意设计大赛三等奖，《繁花似锦》系列作品荣获2022年第四届中国苏州江南文化艺术·国际旅游节银奖、2022年第三届苏州文化旅游创意设计大赛入围奖，《人间富贵花》获得2023年第十四届"艺博杯"工艺美术精品大奖赛金奖，《阁中景》获得2023年中国（苏州）第七届"苏艺杯"工艺美术大赛金奖，等等。

前　言

中国传统苏绣服饰，犹如一幅幅生动的历史文化画卷，以其细腻的针法、精美的图案和独特的艺术魅力，展现了中华民族传承千年的智慧与创造力。它不仅是一种服饰艺术，更是工艺、文化与情感的完美融合，在岁月的长河中熠熠生辉。

在遥远的古代，苏绣便在江南水乡的温润氛围中孕育而生。它汲取了这片土地的灵秀之气，融合了历代绣工的智慧与心血，逐渐发展成为一门独具特色的艺术形式。在漫长的岁月里，苏绣服饰不仅用于人们日常生活中的装扮，更是身份地位、审美情趣和文化修养的象征。它见证了朝代的更迭、社会的变迁，承载着丰富的历史文化信息。苏绣服饰工艺的精妙之处，主要体现在其复杂多样的针法上。每一种针法都犹如一种独特的语言，通过绣工们的巧手，在丝绸面料上讲述着动人的故事。平针的细腻平滑、乱针的自由奔放、打籽针的颗粒饱满……这些针法相互交织、变幻无穷，绣出栩栩如生的花鸟鱼虫、山水人物等图案，使苏绣服饰呈现出如诗如画的艺术效果。而丝线与面料的选择，则是苏绣服饰工艺的另一个关键要素。优质的丝线，如光泽柔和的桑蚕丝线，赋予了绣品绚丽的色彩和柔软的质感。丝绸面料的光滑细腻，不仅为针法的施展提供了良好的基础，更凸显出苏绣的高贵典雅。绣工们根据不同的设计需求，精心挑选丝线和面料，使得每一件苏绣服饰都成为独一无二的艺术品。在制作过程中，苏绣服饰需要经过多道工序，每一道工序都凝聚着绣工们的耐心与专注。从设计图案、描绘底稿，到绣制、整理加工，每一个环节都要求精益求精。绣工们凭借着对这门工艺的热爱和执着，将自己的情感与技艺融入每一针每一线中，创造出一件件令人叹为观止的苏绣服饰作品。

从艺术的角度来看，苏绣服饰是一幅幅用针线绘制的绚丽画卷。每一针每一线都饱含着绣工们的匠心独运和对美的执着追求。细腻的针法、丰富的色彩、逼真的图案，无不展现出苏绣独特的艺术表现力。无论是娇艳欲滴的花朵、栩栩如生的飞鸟走兽，还是意境深远的山水风景，都在苏绣服饰上得以生动呈现，仿佛赋予了服饰生命和灵魂。这些精美的绣品不仅给人以视觉上的享受，更能触动人们内心深处对美的感知和情感上的共鸣。而在

文化价值方面，苏绣服饰更是传承了中华民族几千年的历史文化。它融合了中国传统文化的诸多元素，如儒家的礼仪规范、道家的自然哲学、佛家的祥瑞象征等。通过服饰上的图案、色彩和纹饰，我们可以看到中国古代社会的风俗习惯、宗教信仰、审美观念等方面的演变和发展。苏绣服饰已成为一种文化的载体，它将历史的记忆和民族的精神以一种独特的方式传承下来，让后人能够透过这些精美的服饰，领略到先辈们的智慧和创造力，感受中华民族传统文化的博大精深。此外，苏绣服饰还具有极高的情感价值。在过去，每一件苏绣服饰都是由绣工们精心绣制而成，其中蕴含着她们的辛勤汗水和对美好生活的向往。这些服饰往往被视为珍贵的礼物，传递着亲情、友情和爱情。在现代社会，虽然部分生产方式发生了变化，但传统苏绣服饰所承载的情感依然深厚。它成为人们表达个性、追求品质生活和传承文化的重要方式，每一件苏绣服饰都可能蕴含着一个故事、一段情感，成为人们生活中的珍贵记忆和情感寄托。

在当今快节奏的商业社会中，传统手工艺与现代企业生产模式的结合为文化传承

与创新开辟了新的路径。中国传统苏绣服饰，这一承载着千年文化底蕴的艺术瑰宝，正以其精湛的技艺、独特的魅力在企业类成衣制作领域展现出别样的风采。在企业生产流程中，每一道成衣工序都蕴含着科学的管理和精细的操作。从设计理念的诞生到原材料的选择，从绣片的制作到成衣的缝制，再到最后的质量检验和包装，每一个环节都紧密相连，共同构成了一个完整的生产体系。这个体系不仅要保证生产效率和产品质量，还要兼顾传统苏绣的艺术特色和文化内涵，使得每一件苏绣服饰既能体现现代时尚的审美趋势，又能传承古老手工艺的精髓。企业类成衣工序的发展，也离不开先进的技术和设备的支持。现代设计软件、自动化刺绣设备等为苏绣的生产提供了便利，提高了生产效率，但同时也对手工艺师的技能和创造力提出了更高的要求。他们需要在传统手工艺的基础上，熟练掌握现代技术，将两者有机结合，创造出更具市场竞争力的苏绣服饰产品。此外，企业类成衣工序还涉及市场营销、品牌建设等多个方面。如何将苏绣服饰这一独特的产品推向市场，让更多的消费者认识和喜爱，是企业面临的重要任务。通过品牌建设和市场推广，企业不仅能够提升产品的知名度和美誉度，还能够为苏绣文化的传播做出贡献，让更多的人了解和关注这一传统手工艺。

如今，在现代社会的快节奏生活中，中国传统苏绣服饰工艺面临着诸多挑战。然而，正是其独特的艺术价值和文化内涵，使得这门古老的手工艺在新时代依然具有强大的生命力。越来越多的人开始关注和喜爱苏绣服饰，它不仅在国内市场上备受青睐，还走向了国际舞台，向世界展示着中国传统文化的魅力。本书通过对传统苏绣服饰的介绍，希望读者能够更加深入地了解这门古老艺术的魅力所在，感受它所蕴含的深厚文化底蕴和精湛技艺。同时，也希望能够唤起人们对传统手工艺的保护意识，让苏绣服饰工艺在现代社会中得以传承和发展，继续绽放出更加绚丽的光彩，为我们的生活增添更多的美好与诗意。让我们一同踏上这段探索传统苏绣服饰手工艺之旅，领略其中的无尽魅力与奥秘。

在历史的长河中，中华传统服饰犹如一颗璀璨的明珠，闪耀着独特的光芒。而苏绣作为中国传统刺绣工艺中的瑰宝，以其细腻的针法、绚丽的色彩和生动的图案，赋予织物以生命与灵魂。当苏绣与中华传统服饰相遇，便碰撞出了别样的火花。苏绣传统服饰承载着历史的记忆和文化的底蕴。它们不仅仅是一件件衣物，更是一部部生动的史书，记录着岁月的变迁和人们审美观念的演进。

本书所呈现的苏绣上衣、坎肩、马面裙和披肩，不单是衣物，更是现代与传统的创新交融。这些服饰在保留传统服饰原有形制和特色的基础上，融入了现代审美和设计理念。每一针每一线，都倾注着绣工们的心血与智慧，他们用手中的丝线，诉说着过去的故事，描绘着对未来的憧憬。传统上衣的精致剪裁与苏绣的细腻纹理相得益彰，展现出高贵与典雅；坎肩的巧妙设计在苏绣的点缀下更显灵动活泼，成为展现个性与魅力的焦点；马面裙的端庄大气与苏绣的华丽图案相互映衬，散发出独特的魅力；披肩或繁或简，或华丽或优雅，如同一幅幅流动的画卷，苏绣的精湛技艺使其成为衣物中的点睛之笔，随风飘动间尽显风姿绰约。在这一系列服饰中，我们既能感受到中国传统文化的深厚底蕴，又能领略到苏绣艺术的无穷魅力。它们既是对传统文化的传承与创新，也展现了对美的不懈追求与探索。本书旨在展现传统苏绣服饰的魅力，探索其背后的文化内涵和艺术精髓。本书通过对传统苏绣服饰的精彩展示和深入解读，希望能让读者领略到传统苏绣服饰的独特魅力，激发读者对传统文化的尊重与热爱，让这份珍贵的遗产在新时代继续绽放光芒。

在当今快节奏的时代，传统苏绣服饰宛如一股清泉，流淌着宁静与优雅。它们让我们重新审视传统工艺的价值，感受那份对美的执着追求和对生活的热爱。愿读者在翻阅本书的过程中，能够沉浸其中，感受这份独特的美。

第一章
CHAPTER ONE

霓裳羽衣织云梦——上衣篇 / 1

第一节　清宫古董上衣改良 / 1

第二节　常服古董上衣改良 / 41

第三节　现代新中式上衣 / 79

第二章
CHAPTER TWO

缎绣荣曜韵东方——坎肩篇 / 103

第一节　对襟坎肩 / 103

第二节　大襟坎肩 / 127

第三节　琵琶襟坎肩 / 139

目录
CATALOGUE

第三章
CHAPTER THREE

裙曳湘罗漾曲尘
　　——马面裙篇 / 155

第一节　传统马面裙 / 155
第二节　新式马面裙 / 171

第四章
CHAPTER FOUR

罗衣璀璨赋洛神
　　——披肩篇 / 185

附录 / 210

第一章
CHAPTER ONE

霓裳羽衣织云梦——上衣篇

第一节　清宫古董上衣改良

　　清宫古董上衣承载着深厚的历史、艺术和文化价值，它源于清朝宫廷，反映了当时严格的服饰制度和宫廷文化。制作工艺极为精湛，针法多样，丝线精细；图案精美，题材涵盖花鸟、山水、人物等，构图严谨，图案寓意深刻；材质考究，采用优质丝绸面料及精致配饰，通过镶边、绲边、精美纽扣及各种配饰，增添了华丽感。它艺术特点鲜明，色彩搭配鲜艳和谐，正色与辅助色相得益彰，且不同颜色具有不同的象征意义。款式设计独特，剪裁合身，有多种领口和袖口样式，兼具美观与实用。其文化价值颇高，不仅体现了宫廷的等级制度和礼仪规范，更是传统工艺与文化传承的重要载体，传递着中国传统的审美、哲学等多方面的文化内涵。清宫古董上衣的改良遵循保留传统精髓与融入现代元素的原则，保留传统精髓包括传承手绣工艺及尊重历史文化内涵；融入现代元素则体现在设计创新上，如结合现代设计理念对款式和图案进行创新，以及材料运用上，如采用新型材料与传统面料搭配或创新处理。改良后的服饰，旨在让清宫古董上衣在现代社会中焕发出新的活力，实现传统与现代的完美结合，传承和弘扬手绣文化。

红色香云纱龙凤祥纹氅衣

（正面）

（背面）

  这款改良的清宫土红色龙凤祥纹上衣，灵感源自古老的宫廷服饰，汲取了宫廷文化的深邃底蕴和精髓，巧妙地融合了现代审美与传统元素。保留了清宫服饰的庄重与华丽，同时通过创新设计使其更符合当代时尚潮流。深邃而浓郁的深红色，如同宫廷夜晚的灯火，庄重而神秘。

  该服饰选用高品质的龟裂纹香云纱面料，触感柔滑，古朴典雅。其良好的透气性和舒适度，使穿着者既能感受到传统的奢华，又能享受由传统工艺制造而成的面料带来的舒适体验。

  衣服保留了传统服饰的大致轮廓，在尊重传统的基础上大胆创新，在细节处进行现代改良，领口采用优雅的弧形设计，更能凸显颈部线条的优美，加以精致的盘扣点缀，彰显中式风情。衣襟处精心镶嵌着几颗小巧的红色珍珠纽扣，增添了一分精致与婉约。搭配一条黑色阔腿裤，营造出复古与现代相碰撞的独特魅力；搭配马面裙，则尽显大气优雅的风范，是传统与现代的精妙融合。

整体构图上，两条龙与一只凤相互呼应，周围伴有祥云、花卉等祥瑞元素，营造出一种祥和、繁荣的氛围。凤以优美华丽的姿态居于上方，它的羽翼丰满而多彩，长长的尾羽飘逸自然。它昂首挺胸、翩翩起舞，显得灵动而优雅，绣工采用明亮的丝线来突出其高贵与祥瑞。龙的矫健与凤的优雅栩栩如生地交织在一起，图纹线条流畅，细节之处尽显精湛工艺，仿佛诉说着昔日宫廷的辉煌。点缀其间的花朵则精巧细腻，仿佛在衣间打造了一座绚烂的花园。

  图案运用多种苏绣针法,如平针绣、滚针绣、打籽绣等,将龙凤的形态和细节表现得淋漓尽致。平针绣使龙凤的身体线条流畅自然,滚针绣让龙凤的羽毛和鳞片富有层次感,打籽绣则为龙凤的眼睛等部位增添了立体感和光泽感。色彩的搭配鲜艳而和谐,以明亮的银线勾勒龙凤轮廓,更使其在深红色的底料上显得格外耀眼。

  "龙凤呈祥"在中国文化中具有深远的寓意,代表着吉祥、幸福、美满。龙象征着力量、权威和尊贵,凤则寓意着美好、高贵和祥瑞。它们的组合体现了阴阳和谐、夫妻恩爱、家庭和睦等美好祝愿,常被用于婚礼、庆典或其他重要的传统场合,以表达对幸福、繁荣和成功的期许。

黑底盘金夜阑马褂

（正面）

（背面）

  这款黑底盘金夜阑马褂具有很高的艺术价值和文化内涵。盘金作为主要表现手法，使绣品呈现出华丽、富贵的效果。而选用的牡丹、梅花、兰花、石榴等题材，各自有着丰富的寓意。牡丹象征富贵、吉祥，梅花代表坚韧、高洁，兰花寓意优雅、淡泊，石榴则有多子多福之意。

  其纹样复刻自道光年间的宫廷氅衣，寓意着多子多福、富贵美满，反映了当时对后妃的美好期许。这件上衣适合在一些重要的传统场合或具有特殊意义的活动中穿着，能充分展现穿着者的高雅气质和对传统文化的尊重与喜爱。同时，其独特的工艺、文化价值和历史意义，使其也具有一定的收藏价值。

在色彩搭配上，黑色为底，与金色的轮廓相互融合，呈现出绚丽多彩、富贵华丽的效果。纹样中的苏绣盘金花朵工艺通常需要耗费大量的时间和精力，每一针每一线都凝聚着绣工的心血和智慧。这件上衣不仅是一件精美的艺术品，更是对传统文化的传承和创新，为人们带来美的享受和文化的熏陶。

海水江崖纹寓意福山寿海、山川昌茂、国土永固等，通常由山石、海潮和祥云等元素构成，纹样底部有翻滚的浪花，伴有祥云点缀。而与海水江崖纹交织的花朵，往往具有吉祥寓意。绣工通过不同针法表现出花朵的立体感和层次感，与海水江崖纹的流畅线条和磅礴气势相得益彰，展现出苏绣独特的艺术魅力。这些图案一方面承载了吉祥、美好的寓意，同时也反映出一定的历史、文化和审美价值。

　　鎏金纽扣的点缀为整件作品增添了独特的魅力和精致感。这些金色纽扣宛如璀璨的明珠，散发着耀眼的光芒。它们的色泽饱满而华丽，在光线下折射出迷人的光泽，给人一种高贵而奢华的视觉冲击。纽扣的大小和形状恰到好处，圆润小巧，巧妙地分布在上衣的领口和衣襟部位，起到了画龙点睛的作用。

　　在设计方面，金色纽扣的排列呈现出一定的规律，与整体的风格相得益彰。比如，在领口处有序分布的纽扣，营造出一种端庄优雅的氛围；而在衣襟上错落有致分布的纽扣，则增添了一分灵动与活泼。在工艺方面，金色纽扣经过精细的打磨和雕琢，表面光滑细腻，边缘线条流畅，还嵌有一些精致的花纹，进一步提升了纽扣的艺术价值。

　　苏绣盘金花朵工艺是一种极其精美的刺绣技艺，具有独特的魅力和艺术价值。绣工们运用精湛的技艺，将金线巧妙地弯曲、缠绕、交织，精心勾勒出花朵的轮廓和形态。金线在不同的光线和角度下闪烁着不同的光芒，使得绣制出的花朵熠熠生辉。

浅蓝翟凤花卉绸绣马褂

（正面）

（背面）

  这款清宫马褂改良衣为圆领、对襟、平阔袖，袖口采用米色缎彩面料，上绣花卉，增加了装饰性和精致感。选用高档的绸缎、锦缎等，质地光滑，富有光泽，为苏绣的呈现提供优质的基底。为了增强马褂的整体效果，在边缘处进行镶滚绣，精致的花边与苏绣花卉图案相互映衬，进一步提升马褂的华丽感。整体设计既体现了宫廷服饰的华美，又展示了苏绣工艺的高超，花鸟图案寓意着吉祥美好，富有传统文化内涵。衣服颜色与花鸟纹样的搭配，使彩色花纹仿佛置于湖面之上，熠熠生辉，充分显示出服饰之设色构图的高超水平。

金黄色镶滚彩绣牡丹蝶马褂

（正面）

　　这款金黄色马褂极具魅力和艺术价值，其"重工"表现在制作工艺的精细和复杂上，绣工需要花费大量的时间和精力，融合多种刺绣针法和技艺，使得图案生动、立体，富有质感。金黄色寓意着尊贵、华丽和繁荣。"镶滚彩绣"工艺是其显著特征之一，在马褂的领口、袖口、衣襟等部位精心镶嵌彩牙儿装饰，增加了服饰的精致感和层次感。而衣身、挽袖处的彩绣牡丹蝶图案则是这件马褂的重要装饰元素，金色丝线绣出的牡丹花，形态逼真，展现出牡丹花的雍容华贵；牡丹与蝴蝶的组合，寓意着美好、吉祥和幸福，同时，也体现了绣工精湛的手工艺技术和对美的追求。

　　衣襟、下摆处的金丝线图纹绣边，宛如一道闪耀着奢华光芒的艺术笔触，为整件衣物增添了无尽的魅力与风采，绣边图纹线条流畅而自然，以金丝线为材，细腻的针法施展于这方寸之间，勾勒出一幅幅精美绝伦的图纹。从远处看去，这金丝线苏绣图纹绣边就像是一条璀璨的星河，围绕在衣襟、下摆处，散发着耀眼的光泽。

　　挽袖处的彩绣花卉和蝴蝶，仿佛是一座微型的梦幻花园，充满了生机与灵动之美，搭配如意云纹图案，象征着美好和顺遂。主色调秋香色绣出花朵的典雅姿态，蝴蝶在花丛间翩翩起舞，翅膀上的纹理清晰可见，搭配花枝、叶子素雅的色彩，整体自然而和谐。如意云纹简洁而富有韵律，与花卉相互映衬，融为一体，形成富有节奏感的图案，展现出和谐共生的美妙景象。

　　一朵朵璀璨夺目的金色牡丹花，在金黄色的底料上肆意绽放，每朵牡丹花皆由无数细密的绣籽组成，这些绣籽圆润饱满，紧密排列，宛如一颗颗金色的珍珠。打籽绣独特的技法使得牡丹花的花瓣呈现出立体感和丰富的层次。花瓣边缘至花瓣中心丝线颜色的渐变，营造出自然的过渡效果，仿佛花瓣在微风中轻轻舒展。金色的丝线在光线下闪烁着耀眼的光芒，使得牡丹花仿佛沐浴在金色的阳光中，熠熠生辉。金色的牡丹花在中国文化中象征着富贵、繁荣和美好，它的华丽和娇艳代表着高贵的气质，有着幸福的寓意。蝴蝶触须纤细而灵动，身体部分圆润而饱满，金色的丝线交织出微妙的光影变化，展现出身体的立体感和质感，而部分黑白相间的触须也为蝴蝶增添了一分精致和灵动，翅膀线条流畅而优美，仿佛在轻盈地舞动。蝴蝶往往寓意着吉祥和幸福，也被视为美丽、自由和变化的象征。

绿色缎绣花镶边马褂

（正面）

（背面）

  这款马褂为圆领、琵琶襟、右衽，衣长齐腰。绿色缎面，其上绣制各种折枝花卉，品种各异，如一幅绚丽的自然画卷。绣工准确把握各种花卉的形态特征，叶脉轮廓及花瓣、蕊丝的卷曲变化等，图案活灵活现，疏朗大方，色彩和谐。马褂镶黑色织金吉祥团纹与紫色花卉缎边，主体以牡丹为主要装饰纹样，与缎边之上的吉祥团纹配合，显现出宫廷服饰端庄典雅的风范。

  缎边金色丝线绣制的吉祥团纹符号，闪耀着灼灼光芒，象征着幸运与美好。这些吉祥团纹的团形布局与紫色花朵的交叉搭配，形成一种独特的韵律和节奏，如灵动的音符，跳跃在织物之上，传递着古老而深沉的祝福。金色的吉祥团纹在紫色花卉的映衬下，显得更加醒目和庄重；紫色花卉在金色丝线的环绕下，愈发显得妩媚和迷人。无论是象征团圆美满的团纹符号，还是寓意吉祥如意的图案，都以其流畅的线条、华丽的色泽和精湛的工艺受到瞩目。

黑色吉祥多福博古纹上衣

（正面）

（背面）

  这款上衣为圆领、捻襟、右衽，肩部线条流畅自然，能够展现出穿着者的仪态，镶滚彩绣工艺体现了服饰的精美和华丽。款式方面，保留了一些清宫后妃服饰的特征，整体形制较为端庄，衣服领口、下摆和袖口处精美的绲边和花纹装饰，使用了与主体图案相呼应的丝线，增加了服饰的华丽感，衣袖有一定宽度且呈现出一定的弧度，优美且婉约。

  这件上衣的绣工平整细密，用色富丽和谐，整体雍容华贵、繁而不乱，既展现出尊贵优雅的气质，又体现出一定的文化内涵和艺术品位。风格兼具传统与时尚，既展现了中国传统刺绣艺术的魅力，又具有一定的现代审美，可以作为日常穿着，也适用于一些具有传统文化氛围的场合。

　　领口边饰与绣工较为讲究，饰有华美的绣边和绲边，绣工采用了多种针法来表现牡丹花的层次感、花瓣的细腻质感和色彩的过渡。利用滚针绣来描绘蝴蝶纤细的触须，展现出其灵动之态。蝴蝶和花朵图案的布局独具匠心，几只蝴蝶错落有致地分布在上衣的前襟、领口或袖口上，为服饰增添了几分活泼与灵动。

　　纽扣的样式与上衣的整体风格和图案相呼应，黑色上衣搭配精致的金纽扣，形成经典的黑金组合，尽显稳重华贵。纽扣上雕刻有传统的吉祥图案，金光闪耀，质地醇厚，大小适中，既不会过于小巧而被衣物的整体所掩盖，也不会过大而显得突兀。金纽扣在黑色氅衣上熠熠生辉，为整个服饰增添了无与伦比的光彩。

　　领口边饰在色彩搭配上，根据花卉的种类和整体氛围感进行选择。以鲜艳的红色突出主要花卉，用柔和的黄、粉色来表现背景花卉，营造出主次分明、层次丰富的视觉效果。通过精心安排各种花卉的布局，以达到色彩、形态和构图的和谐统一。整个作品通过苏绣的精湛技艺，将花卉的娇艳姿态完美融合为若隐若现、曲线优美的如意云花纹，展现出独特的艺术魅力。

　　衣身下摆绣有对称的如意云花纹，线条流畅，两边的色彩浓淡、明暗均保持一致，使整个图案在视觉上达到平衡和统一，呈现出一种严谨而和谐的美感，其中如意云花纹通常具有吉祥的寓意，象征着福禄；扇子寓意着善良、善行或文人的风雅；瓶子与如意云花纹的搭配，则代表着平安如意。这些图案的绣制针法细腻，线条流畅，色彩搭配和谐，展现出高超的苏绣技艺。

宝蓝镶滚彩绣牡丹上衣

（正面）

（背面）

　　这款上衣为深沉而浓郁的蓝色调，犹如深蓝的大海，宁静而神秘。领口、衣襟、袖口和下摆处的镶滚工艺精妙绝伦，彩绣的线条流畅婉转，利用五彩丝线织就排列有序的繁花，彰显着宫廷的奢华与精致。纵观整件上衣，宝蓝色的底料衬托着镶滚彩绣的华丽和苏绣牡丹的娇艳，构成了一幅绝美的宫廷服饰画卷，将宫廷服饰的高贵、精美与优雅展现得淋漓尽致，仿佛在诉说着古代宫廷的辉煌与传奇，让人对古代宫廷的奢华与典雅产生了无尽的遐想。

　　值得一提的是镶滚工艺被应用在这款上衣的边缘、领口、袖口等处，为原本平凡的织物增添了无尽的华丽与精致，瞬间提升其品质和艺术价值。淡粉色镶滚花边两侧的小花排列得极为有序，每朵小花都绣制得极为精细，轮廓清晰，线条流畅，仿佛由画笔一笔一笔勾勒出来。花边中间则由蝴蝶、花朵组成，它们或以对称的方式分布，展现出一种平衡与和谐之美；又或沿着特定的曲线蜿蜒排列，营造出一种流动的韵律感。无论是直线还是曲线的布局，都经过精心的设计和计算，整体效果既规整又不失活泼。这种镶滚工艺不仅展现了高超的技艺，更体现了对美的极致追求。

左右衽开裾处镶滚对称如意云花纹彩绣，如意云花纹线条流畅，优美的弧度展现出独特的韵味，象征着和谐美满，寓意着生活幸福、家庭和睦。绣线的巧妙运用使得牡丹花瓣的质感和色泽都表现得极为逼真，淡粉色中透着一丝嫩白，或是金黄色里晕染着几缕浅白。而蝴蝶则轻盈地飞舞在牡丹花旁，这是绣工用穿梭绣艺呈现蝴蝶透明轻薄的翅翼质感，蝴蝶的姿态或停留，或盘旋，与含苞待放的牡丹相互映衬，营造出一种灵动而充满生机的氛围。牡丹、蝴蝶的组合寓意着美好即将到来，充满了希望和期待。

黑色蝶恋花团上衣

（正面）

（背面）

　　这件上衣黑色的底料犹如深邃的夜空，宁静而庄重，沉稳而高贵。衣身上蝶恋花团图案与花蝶的分布恰到好处，既不显得拥挤，又盈满整个衣身，给人一种饱满而和谐的视觉享受。在细节之处，上衣的领口由一圈精致的如意云头纹结合镶滚工艺绣制而成，袖口、衣襟和下摆也有着精心的设计，镶滚着精致的花边，并绣有一圈小巧的花纹，进一步增添了这件上衣的华丽与精致。这件上衣承载着历史的韵味和文化的底蕴，让人不禁遐想穿着它的女子是何等风姿绰约。

　　衣领处的如意云头纹线条优美流畅，如同天空中自在舒展的云朵，充满了灵动之美。云头纹由深沉的绛紫丝线与一圈淡蓝金色镶滚碎花交相辉映，形成一道绚丽的风景线。如意云头纹包裹着苏绣桃花与蝴蝶，镶滚工艺使得这些苏绣图案更加立体突出，二者相互映衬，层次分明。

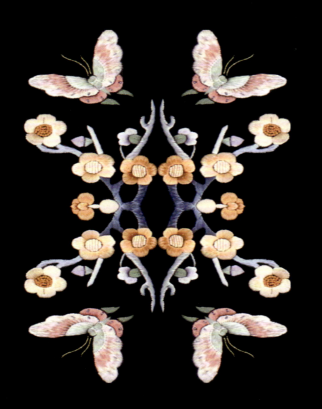

　　桃花花瓣粉嫩娇艳，从淡粉到深粉，仿佛是春日里刚刚绽放的花朵，带着清晨的露珠，晶莹剔透。绣线的细腻交织，将桃花的柔美姿态展现得淋漓尽致。而蝴蝶在桃花间翩翩起舞，翅膀轻盈而灵动，蝴蝶的颜色与梅花颜色和谐统一，或嫩黄，或淡紫，它们或在微风中轻轻摇曳，又或在静谧中相依相伴，充满了自然的和谐与美好。蝙蝠在传统文化中象征着福气，它们身姿小巧灵活。苏绣细腻的针法将蝙蝠的翅膀和身体轮廓清晰地展现出来，丝线的光泽使得蝙蝠仿佛在展翅飞翔。

　　三者相互环绕，布局精巧。蝙蝠的灵动、花卉的娇艳和蝴蝶的轻盈相互交融，形成一个和谐的整体。丝线的运用恰到好处，使得整个图案层次分明，富有立体感。从整体上看，团状的苏绣作品寓意着福气满满、团团圆圆、生活美好。它仿佛是一个充满生机与希望的小世界。

青绿色金海花祥云上衣

（正面）

（背面）

  这款上衣颜色为青绿色，典雅而庄重，别具一番韵味。制作工艺较为精细，采用绸缎面料，领袖之边镶滚同色系包边作为装饰。衣服上绣有海浪和花朵的图案，海浪呈现出波涛起伏的形态，而花朵的种类和样式则新奇鲜明，这些图案不仅寓意丰富，象征着吉祥、美好等，而且绣工精致，各种针法将海浪和花朵生动地表现出来，还使用金银丝线来增强装饰效果，使图案更加华丽。

  这款改良上衣保留了马褂的基本形式，但衣长、袖长或整体版型有所变化，以适应不同的时尚潮流和穿着需求，既具有传统文化的韵味，又融入了现代时尚的元素，适合在多种场合穿着，展现穿着者独特的个性和风格。

　　盘金银丝海水纹、盘银丝牡丹花与打籽绣的结合，是一种极为精美且富有深厚文化内涵的刺绣工艺组合。盘金银丝海水纹，以金色的丝线精心盘绕而成。那金色的线条在绿色布料上蜿蜒起伏，仿佛汹涌澎湃的海浪，充满了力量与动感，以银丝边寓意着广阔、深邃和无尽的生命力。盘银丝牡丹花则展现出别样的华丽，银色的丝线勾勒出牡丹花的轮廓，使其在光线下闪烁着柔和而高贵的光泽。打籽绣的加入则为整个作品增添了丰富的质感和立体感，一颗颗紧密排列的绣籽，如同珍珠般圆润饱满，散布在牡丹花的花瓣之中，使画面更加生动逼真，充满了生机与活力。

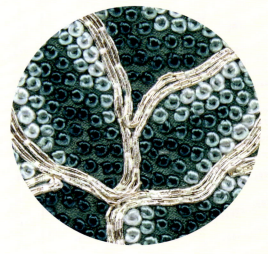

  这件带有盘银丝牡丹花的上衣具有很高的艺术价值和观赏价值。牡丹花在中国文化中具有丰富的象征意义，寓意富贵和平安。而银丝的运用则增添了作品的华丽感和精致感。在绣制银丝边牡丹花时，运用多种苏绣针法，用特殊的针法或技巧来绣牡丹的轮廓，使线条挺拔流畅，丝理圆转自如；通过丝线色彩的递进来表现花瓣的层次和过渡，使其更加自然和逼真，增强其立体感。银丝边的绣法充分突出银丝的光泽和质感，针法精细，线头隐藏，色彩美观大方。

  绿色底料与金银丝形成鲜明对比，使海浪更加突出。金丝海浪的苏绣针法针针相缠，结合紧密，绣成后犹如一笔写成，不露针迹，且粗细相同，能够较好地表现出海浪的线条感和流动感，呈现出自然流畅的效果。用金银丝绣制海浪边缘，绣出了浪花的翻滚状态，展现出浪花的远近和起伏，呈现出华丽、闪耀的视觉效果。

娇粉色如意云花卉上衣

（正面）

（背面）

这件上衣整体呈现出娇嫩的粉色，如同清晨第一缕阳光映照下的桃花，柔美而清新。这种粉色既不过于艳丽，又不失活泼，恰到好处地展现出女性的温婉与甜美。领口和衣襟处的如意云纹精致而优美，线条流畅自然，仿佛天边飘浮的云朵。袖口和下摆也有着精心的设计，用带有光泽感的米色绣花镶边，并在其上绣精美的花卉与彩蝶图案，使得粉色的底料上闪烁着璀璨的光芒，为上衣增添了一份华丽与高贵。

（局部）

　　苏绣衣身宛如一座五彩斑斓的梦幻花园，令人陶醉其中。缤纷的花卉由银丝绣线勾勒轮廓，粉色的花朵娇艳欲滴，紫色的花朵高贵典雅，黄色的花朵明艳灿烂。它们在绣布上静静绽放，仿佛在散发迷人的芬芳。花丛中，彩蝶翩翩起舞，它们的翅膀以淡紫色为主，用细腻的针法绣制出精美的花纹，翅膀边缘还点缀着金色的丝线，在光线下闪烁着光芒，它们围绕花丛自由飞翔，仿佛在与花朵嬉戏。绿叶在花卉之间舒展着，叶片形态各异，绿色的丝线深浅交织，呈现出叶片的光影变化，仿佛能看到露珠在上面滚动。

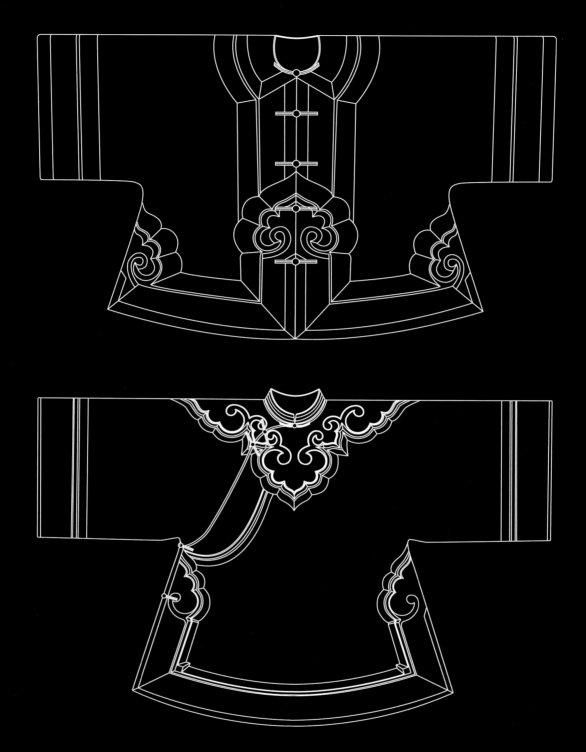

第二节　常服古董上衣改良

　　常服古董上衣作为一种独特的文化遗产，它的历史源远流长，不同时期展现出不同的风格特点。古代社会因地域、阶层等因素形成的各具特色的款式风格，随着时代的变迁而不断发展，反映了当时的社会风貌、文化氛围和审美观念。常服古董上衣艺术特色鲜明，刺绣是装饰的重点，其上绣有栩栩如生的花鸟鱼虫、山水人物等图案，针法细腻，色彩鲜艳，构图精美且和谐，展现出独特的视觉美感，赋予了上衣极高的艺术价值。镶边用不同材质的布条增加层次感，既具有实用功能，又成为彰显身份和品位的装饰，进一步丰富了上衣的整体元素和效果。常服古董上衣的款式多样，包括长袍、短衫等不同长度，以及圆领、立领等多种领口样式和琵琶袖、倒大袖等多种袖口样式，适应各种场合和人群需求。常服古董衣体现了传统的审美观念，如对自然、和谐、含蓄美的追求，对现代审美观仍有深远影响。

藏蓝龙纹祥瑞上衣

（正面）

  这款上衣剪裁工艺精湛，领口贴合紧密，衣身宽松自然，镶金丝缎边。这一款式参考了清宫氅衣，通过调整长度、宽度和袖型，使其更适合现代人的穿着习惯，如收窄衣袖，使其更加轻便灵活。其颜色为藏蓝色，这种色调既庄重又典雅。衣面上的苏绣龙纹、山石和祥云图案精美绝伦，龙纹栩栩如生，彰显出皇家的威严与尊贵；山石图案则以细腻的针法绣制，与龙纹相互映衬，营造出独特的意境和氛围，衣身镶嵌多个祥云，显得自然飘逸。这样的改良既能够展现出清宫后妃服饰的华丽与高贵，又能适应现代社会的需求和审美，使其成为一种融合传统与现代的时尚单品。

  这件上衣的龙纹栩栩如生、威风凛凛。绣工运用细腻的针法，勾勒出龙身矫健的线条，以纯粹的金丝线绣法表现龙鳞的层次和光泽，使其仿佛在空中腾云驾雾，也为其增添璀璨夺目的光彩。龙的形态运用多种复杂而精湛的针法来塑造，其中滚针细致地勾勒出龙身蜿蜒的线条，使龙身流畅而富有动感；套针则用于表现龙鳞的层次和质感，让龙鳞在光线的照耀下闪烁着迷人的光芒；打籽针用于点缀龙眼等关键部位，增加其立体感和生动性。整体效果上，苏绣金丝龙呈现出一种威严、神圣且华丽的气质。

　　金丝龙盘踞在服饰中央，周围环绕着祥云朵朵，其精湛的工艺和璀璨的光芒展现出无与伦比的威严和力量。海水江崖纹以细腻流畅的针法呈现，滚针、套针等针法绣出波涛汹涌的海浪，线条优美而富有动感。深浅不同的蓝色系丝线相互交织，展现出海水的层次和深邃。

　　海水江崖纹和牡丹的组合极富魅力和寓意。海水江崖纹的蓝色与牡丹的鲜艳色彩形成鲜明对比。牡丹娇艳的红色、粉色、黄色与海水江崖纹相互映衬，既展现了大海的壮阔，又突出了牡丹的雍容华贵。整体构图中，海水江崖纹作为背景，牡丹则在周围绽放，两者相互呼应，形成和谐统一的画面，给人以强烈的视觉冲击和美的享受。这种组合寓意着吉祥如意、富贵昌盛，同时也展现了大自然的壮美与生命的蓬勃。

　　整个画面构图严谨，针法细腻，色彩和谐，好似一场视觉盛宴，给人以强烈的心灵震撼，充分展示出苏绣的高超技艺和深厚的文化内涵。

杏粉色如意花卉马褂

（正面）

（背面）

  这款马褂的主体颜色为温柔的杏粉色，面料质地精良，触感光滑，微微泛着柔和的光泽。主要采用镶滚彩绣的工艺，细致的绲边沿着马褂的领口、袖口和下摆蜿蜒伸展。绲边与杏粉色的主体展现出协调统一的美感。前胸下部开襟处，做如意云头形镶边。藏蓝色的绣边花卉为整个马褂注入了一份沉稳与深邃。从整体上看，这件马褂设计精巧，比例协调，既体现了清代服饰的端庄大气，又不失女性的温婉柔情。

  在色彩搭配上，丝线颜色根据花卉的种类和整体的审美需求精心挑选。色彩鲜艳且和谐，既突出花卉的主体性，又营造出整体的氛围感。对于衣身对称的花卉图案，需要绣工严格把握对称的精度，从花朵的形态、姿态到色彩的分布，都左右呼应、协调一致，展现出高度的平衡与和谐之美。绣工凭借着多年的经验和敏锐的观察力，将花朵的灵动与生机栩栩如生地呈现在马褂上，使这件服饰不仅具有实用价值，更是一件精美的艺术品。

缥色缎绣绣球花枝马褂

（正面）

（背面）

　　这款马褂的主体绣制了大朵折枝绣球花，纹样写实逼真，晕色自然和谐。因为纹样较为复杂，所以服装版型运用了较为简单的款式。倒大袖的款式可以遮住手臂上的赘肉，露出纤细的手腕。服饰选用柔和恬淡的粉色系丝线，营造出浪漫、优雅的氛围。绣球花绣制于马褂上，承载着吉祥如意的祝福、团结和谐的愿景，体现了对美满爱情的期待和高贵典雅的气质。这件马褂兼具装饰性与实用性，绣球花的绣制技艺高超，不仅展现了苏绣艺术的魅力，也体现了传统文化与时尚的结合。

　　马褂的设计注重整体的美观性和协调性，在领口、袖口、衣襟、下摆等边缘处镶粉色刺绣花边，镶边处的花纹与衣身花纹相互呼应，形成一个统一而和谐的整体，镶边线条流畅优美，贴合着马褂的轮廓，增添了整体的立体感和层次感。衣襟处的粉色玉珠扣质地细腻光滑，触手生温，使人感受到如丝般的顺滑，尽显其珍贵与独特。

　　花枝中每朵小绣球花都精致小巧，紧紧相依，形成一个紧密的花球，如同一个个害羞的小精灵，簇拥在一起。绣球花虽小，但细节之处毫不含糊，花朵的形态各异，有的微微张开，露出娇嫩的花蕊；有的则半闭半合，欲语还休。花苞和花朵相互映衬，不同粉色丝线的疏密分布和色彩调配恰到好处，使得颜色的转变自然流畅。金丝线与粉色丝线巧妙地交织、缠绕，使花蕊呈现出丰富的层次和纹理。叶子的形态优美而舒展，叶脉清晰可见，丝线的光泽赋予叶子一种独特的质感，使其看起来既柔软又坚韧。绿色叶子与绣球花相互映衬，为整个绣品增添了一份生机与和谐，它们像是大自然的背景，衬托出花朵的娇艳。

白色缎绣蓝花蝶舞如意马褂

（正面）

（背面）

　　这款马褂为圆领、对襟，领口前后、衣襟下部及开衩处，均作如意云头形镶边，寓意吉祥如意。清晚期便服中如意云头装饰盛行，其以繁复的工艺、缤纷的色彩将如意云头装饰发展到便服装饰的历史顶峰。此马褂在多处作如意云头镶边，装饰效果显著，反映了当时的审美时尚。如意图案线条流畅，造型优美，为整个马褂增添了一分美好的寓意。

　　白色的缎面光滑细腻，宛如新雪般纯净，微微泛着柔和的光泽，清新脱俗。蓝色的深沉与白色的纯净相互映衬，既突出了牡丹和蝴蝶的明艳，又维持了整体的清新雅致。这种搭配既适合在正式场合展现高贵端庄的气质，又能在日常穿着中彰显独特的品位和优雅的气质。

无论是领口、衣襟还是下摆，每一个细节都处理得恰到好处，彰显出精湛的工艺和制作者的匠心独运。衣襟左右绣图对称和谐，体现出一种稳定的秩序和美感，既端庄又大气。蓝色牡丹，硕大而华贵，与之相伴的粉色小花，娇小而俏皮，它们簇拥在一起，充满了生机与活力。这些小花朵为整个绣边增添了一分清新与活泼。蓝色与粉红色相互映衬，冷暖色调的搭配和谐而美妙，营造出一种独特的视觉冲击力。

蓝色蝴蝶的姿态灵动优美，尾羽修长而飘逸，线条流畅自然，仿佛在轻盈地舞动。丝线紧密排列，细腻的针法使得尾羽呈现出丰富的层次和质感。蝴蝶颜色由深渐浅，纤细的棕黄色线条，为其增添了一分独特的庄严与沉稳。牡丹花朵层层叠叠，蓝色的丝线运用得恰到好处，或深或浅，营造出丰富的层次感和立体感，花瓣纹理清晰可见，仿佛能触摸到其柔软的质感。棕绿色的叶子作为衬托，形状各异，更是增添了画面的生机与灵动。棕绿色的丝线赋予叶子一种沉稳而温暖的色调，仿佛历经岁月的洗礼，却依然充满活力。

杏黄色如意图纹花上衣

（正面）

（背面）

　　这是一款融合了传统工艺与现代审美的独特服饰，它在传统的基础上进行了改良，使其更符合现代人的穿着需求和审美观念。这款改良上衣以杏黄色为主色调，颜色鲜艳且具有皇家气息，既柔和温暖又高贵典雅。

　　衣服的领口和肩部采用如意云头形设计，线条流畅优美，显得灵动而温婉。对襟的设计使衣襟闭合时显得整齐而端庄，镶滚彩绣体现了清代服饰的精美和华丽，绣边上的花卉色彩鲜艳且过渡自然，通过针法的变化，展现出叶片的曼妙姿态和自然生机。对襟粉玉纽扣兼具实用功能和装饰性，增添了服饰的独特性和珍贵性。

  这件上衣的颈肩部设计独具匠心，如意图纹巧妙地装点其中。如意形状优美流畅，线条婉转自然，富有韵律感，寓意着吉祥如意、顺心顺意。如意图纹中间所绣小巧的花朵，相互交织、错落排列，形成繁密而有序的图案组合，使整个图案更加丰富生动。如意云纹和各色花朵的搭配组合寓意吉祥、形态优美，不仅是一种装饰艺术，更是历史文化的传承与见证，展现了清代宫廷对于美的极致追求。

  花卉和鸟类的形态写实而生动，在绣制花卉和鸟类时，绣工灵活运用多种针法，用滚针来表现花瓣的圆润，使它们看起来更加逼真；用齐针来勾勒轮廓，使其边缘整齐；用施针来增添层次感；等等。配色自然鲜艳，注重色彩的和谐与协调。绣工根据花卉和鸟类的实际颜色及所要表达的意境，精心挑选丝线的颜色，以展现出丰富的色彩层次和生动的效果。在表现鸟类的身体时，绣工通过针法的变化和色彩的过渡来突出其层次感与立体感。由此，展现出各种花朵的娇艳姿态及鸟儿的灵动之态。

凝脂黄百花团纹上衣

（正面）

（背面）

  这款改良上衣兼具古典美与现代时尚感。颜色为暗调黄色，柔美婉约而不失清新，给人一种温馨、优雅的感受。衣服的主体部分采用了马褂的样式，保留了传统的一些元素，如直身的版型、对襟的设计等，展现出端庄稳重的气质。马褂的形制经典而庄重，在保留传统韵味的同时，更贴合现代审美和人体工学，让穿着者行动自如。对襟的设计简洁而优雅，两条衣襟相对，展现出一种对称之美。而玉珠纽扣就像对襟上的璀璨明珠，质地温润，色泽柔和，每一颗都圆润光滑，散发着淡淡的光泽。不仅起到了固定衣物的作用，还增添了一分高贵与典雅。

  服饰最为醒目的部分则是由花团和蝴蝶组成的圆形图案，这些图案分布在衣服的前后，形成精美的装饰区域。

　　花团色彩鲜艳，色彩过渡自然而和谐，花瓣层层叠叠，娇艳欲滴，仿佛散发着迷人的香气。蝴蝶则姿态优美，色彩斑斓，每只蝴蝶的颜色都交相辉映，翅膀上的花纹细腻精致，有的是细密斑点，如同繁星点点；有的是复杂条纹，规律中又富有韵律。无论是花朵的花蕊，还是蝴蝶的触须，都被表现得栩栩如生。整个圆形图案布局巧妙，既富有对称美，又充满了灵动的气息。

　　衣襟、袖口处的花朵宛如袖间绽放的小精灵，与衣身上的花团交相呼应，为整件衣物增添了无尽的魅力与精致感。这些花朵有小巧玲珑的桃花，星星点点地散布在袖口，花瓣圆润，用细软的丝线绣出，仿佛能使人感受到微风中桃花的清新与活泼；也有娇艳的牡丹，花瓣层层叠叠，从袖口边缘开始绽放，色彩鲜艳夺目，展现出热烈与浪漫，与线条流畅自然的花枝、清新盎然的绿叶相映成趣，十分生动；还有优雅的兰花，细长的花瓣轻轻舒展，绣工巧妙地运用丝线的光泽和色彩变化，凸显出兰花的清幽和高洁。

　　这件改良上衣，既可以在传统节日、文化活动等场合穿着，展现浓厚的古典韵味，又能在日常生活中作为一件独特的时尚单品，彰显穿着者的高雅品位和对传统文化的热爱。

紫灰色缎绣花畔古韵团如意上衣

（正面）

（背面）

  这款上衣为紫灰色的缎面材质，犹如暮霭，深沉而神秘。质地光滑细腻，触感丝滑，光泽内敛而柔和。镶滚的工艺精细巧妙，线条流畅而优美，它不仅在上衣的边缘装饰，还在左右开裾处镶有如意云纹图案绣边，为上衣增添了几分精致。

  花畔古韵图案绣制工艺精妙绝伦，花畔的景象仿佛是大自然的生动缩影，柳枝随风摇曳，繁花似锦，春水潺潺流淌，小桥流水人家，共同构成一幅生机盎然的春景图。古人在花丛中的形象栩栩如生，神情悠然自得，或漫步花丛，或相互交谈，或嬉笑玩乐，表情和动作所体现出的闲情逸致被展现得淋漓尽致。每个人物的表情和动作都被精心绣制，生动得仿佛能听到他们之间的轻声细语和爽朗笑声。花畔古韵图案布局为团形，圆润而吉祥，寓意着团圆和美满。这些团形分布在上衣的恰当位置，相互呼应，增添了整体的和谐之美。整体的色彩搭配和谐而富有层次感，紫灰色的缎面与苏绣的鲜艳色彩相互映衬，既不张扬又不失华丽。

69

粉韵祥物花团上衣

（正面）

（背面）

　　这款上衣选用粉色，柔美似清晨被薄纱轻笼的花朵，朦胧中透露出一种含蓄之美，温婉动人。对襟设计尽显简洁大方，两襟相对，中间用盘扣固定，领口、袖口、衣襟边缘及下摆，精心镶嵌有华丽的绲边。精致的花卉图案点缀在衣身的各个角落，绣线颜色与粉色上衣的颜色相得益彰，使整件上衣看起来更加绚丽多彩。绣边的宽度和图案也经过精心设计，宽窄适中，既能突出其装饰性，又不会显得过于烦琐，绣边上牡丹、扇子、笛子等图案组合在一起，丰富和深化了整体的寓意，富贵、高雅、平安、吉祥且充满文化气息。

　　衣身上花枝与花篮团纹相互配合，构成了极具意境的小场景。绣工凭借着精湛的技巧，运用金丝线勾勒出花篮的形状，线条极为精准。花枝从花篮中探出，蜿蜒伸展，有的粗壮结实，为花朵提供有力的支撑；有的纤细柔软，衬托出花朵的轻盈，花卉则在花枝上竞相绽放，或簇拥成团，或零星点缀。而娇艳的红、粉、蓝等色彩则用于描绘盛开的花朵，使得花朵们五彩斑斓、绚丽夺目，构成了一个生机勃勃、繁花似锦的微观世界。

粉橘色蝶舞南瓜香上衣

（正面）

（背面）

  这款上衣选用了粉橘色为底色，显得温馨而浪漫、温婉且柔情，领口、袖口和下摆处的细节处理得精致入微，采用了精致的镶边工艺，镶边柔软顺滑，设计简洁，颜色与主体色调一致，细微的光泽感差异增添了上衣的层次感。

  南瓜图纹饱满圆润，纹理清晰可见，在南瓜和绿叶藤蔓的绣制过程中，结合使用滚针、戗针等多种针法，控制绣线的疏密和走向，绣出南瓜的起伏和轮廓，在南瓜凸凹部分通过增减绣线密度来形成阴影效果，营造出立体感和毛绒视觉效果。南瓜运用了多种黄色丝线，从浅黄到深黄，再到橙黄，过渡自然且细腻，使得瓣状结构真实而立体，仿佛可以触摸到其圆润的弧度和纹理。紫、粉、蓝色的蝴蝶在南瓜丛中翩翩起舞，时而停歇在花朵上，时而在叶片间嬉戏，给整个画面增添了一抹浪漫的气息。南瓜与蝴蝶的组合，寓意着丰收与美好。南瓜象征着富足和丰硕的成果，而蝴蝶则代表着自由与美丽的蜕变。它们相互交织，营造出一种充满希望和幸福的氛围。

浅紫色镶滚缎绣荷花团上衣

（正面）

（背面）

　　这款上衣采用圆领、对襟的设计，袖口镶两道边，外层为米黄色缎边，里层与下摆处一致，为深紫色缎绣，整体呈浅紫色，宛如清晨时分天边的一抹淡霞，柔和且充满韵味。缎面的材质光滑而有光泽。镶滚的工艺应用于上衣的领、袖、下摆边缘，如同一圈华丽的装饰带，为其增添了层次感和立体感。正胸口的荷花团绣是整件上衣的灵魂所在。荷叶田田，脉络清晰可见，仿若随风轻轻摇曳，花瓣粉嫩娇艳，仿佛刚刚从水中浮出。丝线的色彩丰富而细腻，从斑斓的荷花到碧绿的荷叶，过渡自然流畅，营造出一种宁静而优美的氛围。荷花簇拥在一起，形成了一幅生动的画面。荷花在传统文化中寓意着吉祥，代表着幸福、美满与和谐。

  荷花绣边的深紫色与上衣底料的浅紫色形成鲜明对比,却又相得益彰。深紫色的浓郁深沉与浅紫色的淡雅相互映衬,营造出一种独特的视觉层次感,使整件上衣更加富有韵味和魅力。而袖口的另一层绣边呈米黄色,如春日里的暖阳,带来一抹温馨与柔和。米黄色缎边上的绣花图案由小巧的花朵和精致的藤蔓组合而成,充满了生机与活力。米黄色的绸缎细腻而温暖,为袖口注入了一分活泼与灵动。袖口的两层绣边相互映衬,深紫色的庄重与米黄色的活泼交织在一起,形成了一种独特的和谐之美。

第三节　现代新中式上衣

现代新中式上衣是传统苏绣工艺与现代时尚理念相结合的产物，展现出独特的魅力与价值。其设计理念注重对传统苏绣元素的传承，汲取了传统苏绣精髓，并融入现代时尚理念，注重款式的简洁性、线条的流畅性和穿着的舒适性。同时，融入时尚的元素，如不对称设计、拼接手法等，增加服装的时尚感和独特性，使其既具有传统韵味，又引领现代审美潮流。苏绣与现代服装制作工艺的结合，使其在针法的运用上也有所突破，通过创新组合，使图案立体、生动的同时更富有层次感。除了刺绣部分，上衣的其他制作环节采用现代纺织、印染、缝制等工艺，确保做工精细，整体质量优良。整体风格既保留了传统苏绣的典雅、精致之美，又展现出现代时尚的简约、大气，兼具传统与现代美感。现代新中式上衣以其独特的设计、精湛的工艺、多元材料的运用和鲜明的风格特点，实现了传统与现代的完美融合，为时尚产业和文化传承注入了新的活力。

新中式米色绣繁花似锦坎肩

（正面） （背面）

  这款现代新中式坎肩融合了传统元素与现代时尚理念，既保留了中式坎肩的基本轮廓，又运用了新型棉质面料，以增加舒适度、透气性和抗皱性，既有中式的典雅，又具备现代的时尚感。坎肩正面利用金丝线绣出格子，在整体布局上遵循了对称与均衡的原则。格子的分布显得规整有序，给人一种稳定、和谐的视觉感受。这种对称美符合中式传统美学的审美标准。斜线排列则富有动感和活力，为坎肩增添了一分灵动之美，起到修饰和点缀的作用。色彩的搭配更是巧妙，粉色与白色相间，红色与黄色互补，每一种色彩都恰到好处地融合在一起，形成了一个绚丽多彩的花海。尽管花朵众多，但是巧妙的布局疏密有致，给人一种呼吸感和空间感。

打籽绣的籽粒紧密排列，组成饱满而富有层次感的花瓣。每一颗籽都圆润饱满，紧密排列，组成花瓣的轮廓和纹理，细密的籽绣如同花瓣上的细腻绒毛。花瓣从内到外呈现出由深至浅的色彩过渡，色泽自然，仿佛真实存在。

打籽绣的籽粒有序排列，勾勒出叶片的形状和脉络。叶尖的微微卷曲、叶片的自然舒展及叶脉的颜色过渡都被形象地展现。绿色丝线的运用呈现出不同的层次，有鲜嫩的新绿，也有深沉的墨绿，充满了生机与活力。打籽绣独特的针法排列有序却又不失自然的随意感，为折枝花朵和绿叶增添了立体感和质感，使其从平面的绣布上脱颖而出，仿佛真实的花朵和绿叶就在眼前。

现代新中式金棕色褶皱繁花上衣

（正面）

（背面）

　　这款棕色上衣将现代的时尚元素与中式的传统美学完美融合，圆立领设计，剪裁流畅自然。面料自带金丝光泽，色彩浓郁，沉稳高贵且精致，收褶剪裁是这件上衣的一大亮点，赋予了上衣灵动的韵律和独特的立体感，每一道剪裁都经过精心设计，使得面料在身体的曲线间起伏，既展现出人体的优美线条，又增添了一分随性与自在。苏绣花朵在这件上衣上绽放得绚丽多姿，成片的花朵犹如一幅立体的画卷，给人以强烈的视觉冲击，而立体不规则的拼接方式，让衣服不再是平面的服饰，而是一件充满生机和艺术感的作品。每一朵花的拼接绣制都经过精心设计，有的花朵争奇斗艳，花瓣层层叠叠，繁复而华丽；有的花朵小巧玲珑，如同繁星点点，紧紧簇拥在一起，散发出清新可爱的气息。绿叶相互簇拥，形成一片繁茂的景象，层层叠叠交织在一起，为花朵提供了完美的衬托，展现出一幅和谐共生的美妙图景。

新中式金黄色绣花拼接上衣

（正面）

　　这款新中式风格上衣既保留了中国传统服饰的某些元素和韵味，又融合了现代时尚的设计理念，在体现传统文化的同时，也具备了时尚感和现代气息，金黄色在中国文化中常常象征着高贵、华丽和吉祥。领口采用了中式的立领设计，同时与现代小v领结合，显得端庄典雅。衣身采用了拼接工艺，将不同材质、图案的面料巧妙地拼接在一起，增加了服装的层次感和独特性，展现了设计师的创新思维和独特审美。在衣身和袖口处所绣精美的绣花图案，主要采用具有中国传统文化特色的花卉、植物等元素，为上衣增添了艺术感和文化内涵。可搭配一条简约的黑色长裤，展现出干练利落的都市风格；或搭配一条飘逸的长裙，营造出优雅浪漫的氛围。

　　上衣通过多种绣法的融合，不仅展示了绣工的高超技艺，更体现了对美的极致追求。打籽绣以其独特的颗粒状绣点，为浅紫色的花朵赋予了立体感和质感。每一颗籽都圆润饱满，仿佛是花朵上即将滚落的露珠，增添了生动和逼真的感觉。打籽绣与其他绣法的结合，更是为上衣锦上添花。利用平针绣可以用来描绘花朵的轮廓，线条流畅而优美，使花朵的形态更加清晰明确。套针绣则能够营造出花朵颜色的渐变效果，从花心的深粉色到花瓣边缘的浅粉色，过渡自然而柔和，展现出花朵的层次感和丰富的色彩变化。花蕊的绣制采用了更为细密的针法，金黄色的丝线呈现出丝丝缕缕的质感，与衣服底色相呼应，充分体现了传统服饰的创新之美。

新中式吉祥星竹花鸟上衣

（正面）

（背面）

　　这款上衣充分融合了新中式的风格特点与现代时尚元素，既保留了中式服装的典雅韵味，又符合现代人体工程学的穿着需求。上衣的剪裁合身得体，能充分展现穿着者的身材曲线，同时又不失舒适感。领口采用了传统的中式立领设计，简洁大方，不仅能够修饰颈部线条，更彰显出穿着者的端庄气质。衣摆处的设计别具匠心，微微呈弧形，增加了整体的层次感，使得上衣在行走间更具飘逸感。整体颜色搭配和谐统一，独特的底色不仅赋予了上衣高贵的质感，更使其在不同的角度和光线下呈现出丰富的视觉效果。竹叶的墨绿与花鸟的彩色相互交织，又与金星底的灰棕色背景，形成了鲜明的对比，整体却不失协调。这种色彩组合既充满了视觉冲击力，又展现出一种自然的美感，给人以宁静、祥和而又充满生机的感觉。

  这件上衣的苏绣部分更是精妙绝伦，展现了传统手工艺的精湛与细腻。绣工们以巧夺天工的技艺，在衣身上绣出栩栩如生的竹叶与花鸟团图案。竹枝的形态蜿蜒曲折，富有变化，它们挺拔向上，展现出竹子的坚韧不屈。绣工精心勾勒出竹叶的每一个细节，细长的叶片边缘，线条流畅而自然，竹叶的纹理清晰可见，巧妙地运用不同针法的疏密变化，生动地表现出了竹叶的质感，变化的针法和丝线的光泽，使得竹叶看起来具有了立体感和动态感，仿佛能随风飘动。

  花朵色彩、形态之丰富让人目不暇接，红的深沉浓郁，紫的高贵华丽，粉的温馨浪漫。丝线的光泽和针法的变化营造出一种立体感和质感，让人仿佛能够触摸到花朵的娇嫩花瓣。灰棕背景色的选择非常巧妙，更好地突出了花鸟枝头的主体形象，花鸟枝头的色彩，是一场视觉的盛宴，也是一次对传统文化的深刻感悟。它以其细腻、丰富与和谐的特点，让人们领略到了中国传统艺术的博大精深和无穷魅力。

新中式吉祥花韵貂毛上衣

（正面）

（背面）

　　该款上衣的主色调为黄棕色，温暖而醇厚，仿佛蕴含着大地的沉稳与阳光的柔和，上衣颜色融合了深浅不一的同色系色调，淡雅的金色丝线为上衣增添了一分高贵与华丽，在光影的变幻下，这些色彩相互辉映，呈现出丰富的层次感和立体感，使得整个作品的色调既丰富多样又不会显得杂乱无章。其上花团形态各异，有的如圆润的满月，饱满而丰盈；有的似飘逸的云朵，舒展而灵动；还有的像娇艳的花朵，花瓣层层叠叠；它们或紧密相连，或错落分布，充满了生机与韵律，相互呼应、相互协调，共同构成了一个有机的整体。花团的形态设计，注重不同形态之间的过渡和衔接，看起来自然流畅，毫无违和感。不同形态、大小和颜色的花团相互搭配、相互衬托，仿佛在一个二维的平面上创造出了一个三维的空间。这种和谐与统一的美感体现了绣工们对整体构图和艺术风格的把握能力，苏绣花团组合使得该上衣成为一件具有审美价值的艺术作品。

  该上衣的边缘镶有水貂毛边,水貂毛柔软、浓密而温暖,光泽度极佳,如同云朵般轻柔。毛边的宽度适中,既不过于张扬,又能恰到好处地展现其奢华感。它沿着领口、袖口和下摆蜿蜒而行,如同一条华丽的丝带,将上衣的整体美感提升到一个新的高度。水貂毛边的颜色与上衣的黄棕色相得益彰,黄棕色沉稳而高贵,毛边的柔软光泽为上衣增添了一分温暖、灵动与奢华。

新中式瑞紫绣福金珠马甲

（正面） （背面）

  这款新中式马甲将传统手绣工艺与现代时尚设计完美融合，浓郁的深紫色面料，质地柔软而光滑，具有良好的垂坠感，立领设计蕴含着中国传统文化中"中正、端庄"的寓意。马甲的正面衣襟左右对称处绣满了精美的花团，背面较为简洁，领口和门襟处采用了精致的金珠盘扣。此盘扣是中国传统服饰中的经典元素，盘扣由细腻的针脚缝制而成，形状优美，线条流畅，镶嵌着一颗颗小巧的金珠。这些金珠在阳光下闪耀着金色的光芒，与深紫色的马甲和苏绣花团相互辉映，显得格外华丽耀眼。手绣花团和金珠盘扣相互搭配，营造出一种独特的复古氛围。

  马甲正面的手绣工艺精湛，通过长短不一、方向各异的针法，营造出一种自然逼真的质感，灵活填充的花瓣颜色，使色彩过渡得更加自然柔和，避免了生硬的色块拼接，一颗颗饱满的绣线疙瘩如同珍珠般璀璨，为花朵增添了一分精致和立体感。蜂窝状、晶格状等形状的花团给人既规整又富有变化的视觉感受，每个花团都像是一个精心设计的小世界，又与整体相互呼应，布局上呈现出一种和谐而有序的美感。

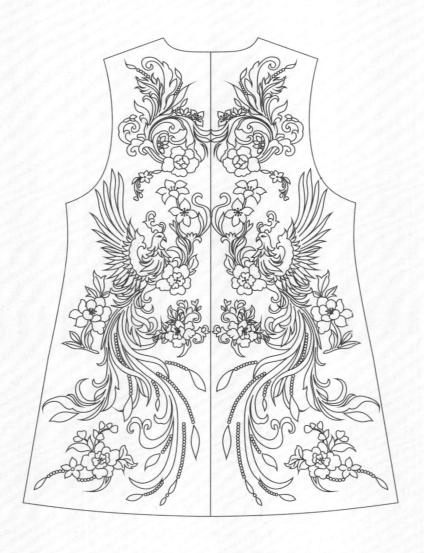

第二章
CHAPTER TWO

缎绣荣曜韵东方——坎肩篇

第一节　对襟坎肩

　　对襟坎肩历史悠久，在中国传统服饰文化中占据着重要地位。对襟设计是其核心特征，两襟相对，通常用纽扣、盘扣或者系带等方式闭合，这种设计简洁明了，既方便穿脱，又在视觉上形成对称美感。从长度来看，有短款、中长款和长款等丰富多样的版型设计。对襟的线条简洁流畅，能够很好地修饰人体的颈部和胸部线条，端庄大方。其制作工艺复杂精湛，裁剪是制作的基础环节，对于一些有弧度的部位，如领口、袖笼和下摆，裁剪的难度更高，需要采用特殊的裁剪方法来保证线条的流畅和自然。其缝制工艺多样，领口、袖笼和下摆通常会进行特殊的处理，如绲边、镶边等，以增加坎肩的美观度和牢固性。装饰工艺是对襟坎肩的一大亮点，除了手绣之外，还有很多其他的装饰方法。例如，采用织锦、缂丝等面料本身带有精美图案的材料制作坎肩，使坎肩从整体上就显得华丽高贵。苏绣对襟坎肩的装饰价值极高，对襟坎肩往往以精美的苏绣图案和绚丽的色彩成为人们关注的焦点，无论是在正式场合还是日常生活中，都能为穿着者增添一份独特的魅力。

紫罗兰银丝凤凰中长款坎肩

（背面）

  这款坎肩整体呈现为深邃而迷人的紫色，如同盛开的紫罗兰，充满了浪漫与优雅的韵味。坎肩的中长款设计更增添了一分优雅与大气。它流畅的线条贴合身形，既能展现出穿着者的身材曲线，又能带来一种飘逸感。苏绣工艺在这件坎肩上展现得淋漓尽致，盘银绣绣成的凤凰栩栩如生，仿佛即将振翅高飞。前胸与后背的对称凤凰设计，犹如一对来自仙境的祥瑞使者，散发着令人心醉神迷的魅力，使得穿着者在行走之间，仿佛被这对凤凰所环绕，增添了无尽的威严与庄重。

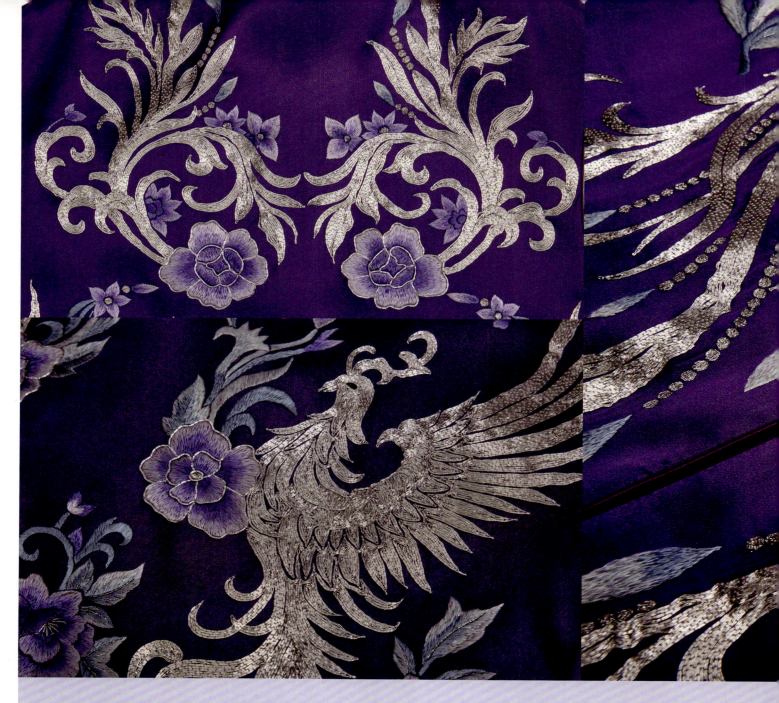

  衣身左右两只凤凰身姿婀娜，线条流畅而灵动，它们的身形沿着衣襟的两侧蜿蜒伸展，尾羽修长而优美，每一个弯曲和转折都恰到好处，左右凤凰的形状、大小和姿态几乎完全一致，这种对称性不仅展现了工艺的精湛，更传递出一种庄重、稳定的美感。它们相互映衬，相互依托。展现出一种与生俱来的优雅与高贵。紫红色玉珠扣与衣服的紫色相互呼应，既和谐统一又独具特色，每颗扣子都温润细腻，大小均匀，排列整齐，像是被精心编排的音符，为衣服谱写了一曲优雅的旋律。

  凤凰的头部雕琢精细，眼睛炯炯有神，透露出威严与智慧。盘银绣绣制的羽毛根根分明，柔顺而富有光泽，仿佛随着微风轻轻摆动。每一片羽毛都经过精心的排列和刺绣，展现出细腻的纹理和层次感，从头部延伸至身体，再到长长的尾羽，形成流畅而优美的线条，尾羽尖端微微弯曲，

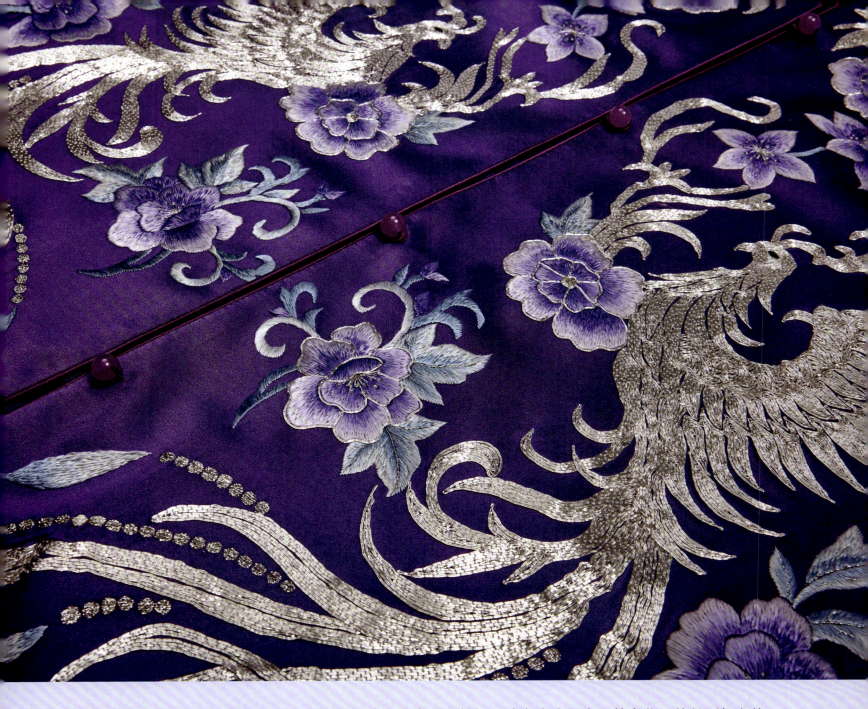

更显灵动。凤凰的身体部分利用不同的绣法和疏密不同的银丝分布来表现光影的变化，使其更加立体和富有质感。周围还绣有紫色花朵和靛蓝叶等元素，进一步烘托出凤凰的尊贵与不凡，象征着祥瑞、高贵和重生。

银丝缠枝在紫色的面料上蜿蜒伸展，线条优美流畅，与花朵相互交织，疏密有致，布局精巧，仿佛是自然生长在上衣之上，与面料融为一体，毫无违和之感。银丝缠枝闪耀着清冷的光泽，与紫色面料相互映衬，增添了几分华丽与梦幻，仿佛是在无声地诉说着古老的故事。

银丝凤凰的光泽与花朵的柔美相互交融，使得整个刺绣图案富有层次感和立体感。无论是从远处欣赏，还是近距离端详，都能感受到其精湛的工艺和独特的魅力。

宝绿缎绣桂花纹坎肩

（正面） （背面）

　　这款坎肩采用圆领，对襟的设计，左右开裾，短身。浅灰绿色缎面上绣满了浅绿、浅粉色的花卉纹。缎面质地光滑细腻，镶宝绿色缎花卉纹边，宝绿色缎面织造精致，绣花规整，花纹清晰，富浮雕感。前胸下部及两腋开衩处，均作如意云头形镶边。清晚期便服中的如意云头装饰，工艺繁复、色彩缤纷将这一工艺的装饰性发展到历史顶峰。此坎肩分别在三处作如意云头镶边，装饰效果显著，反映了复古的审美时尚。坎肩用色深浅对比强烈，配色协调而醒目。

　　镶滚的工艺细腻而精湛，蓝色与金色丝线绣出的小花紧密而整齐地排列，形成一道精致而华丽的边框，装饰着衣物的边缘，如领口、袖笼、衣襟和下摆，镶滚的线条流畅优美，为整个作品增添了立体感和层次感。宝绿色玉珠盘扣犹如深邃的绿宝石，色泽饱满且富有光泽，玉珠的颜色与宝绿色镶边相呼应，形成一种和谐统一的美感。

　　前襟如意云头形镶边，线条流畅而优美，其上绣有桂花、葡萄藤、吉祥纹等，金黄色桂花小巧而精致，花蕊吐露芬芳，仿佛能让人嗅到甜美的香气。紫色葡萄藤蜿蜒伸展，充满生机与活力。金色的吉祥纹更是锦上添花，象征着福寿安康、吉祥如意，在光线下闪烁着耀眼的光芒，为整个镶边增添了一分庄重与祥瑞之感。这些图案相互交织，布局巧妙，色彩搭配和谐而迷人。桂花的金黄、葡萄藤的紫色与吉祥纹的金色相互辉映，形成了一幅美轮美奂的图画。

黑色镶滚彩绣宝葫芦坎肩

（正面）

（背面）

  这款坎肩采用圆立领，对襟的设计，左右开裾，以深沉的黑色为底色，犹如静谧的夜空，深邃而宁静。黑色的布料质地精良，光滑而富有质感，坎肩的镶滚工艺极为精湛，细腻的绲边沿着领口、袖笼和下摆蜿蜒伸展。镶嵌的白色与黑色的面料搭配和谐，增添了层次感和立体感。彩绣花卉图案，则是这件坎肩的灵魂所在。彩绣丝线色彩丰富且内敛，有娇羞的粉、高雅的紫、清澈的蓝等，绣边上桃花、蝴蝶和葫芦三者相间相连，布局精巧。紫色蝴蝶在粉色桃花间翩翩起舞，浅紫色葫芦宛如隐匿其中的神秘宝物。它们相互呼应，色彩交融，形成了一幅和谐而又充满诗意的画面。

  丝线交织出的葫芦边缘光滑而富有质感，每一处线条都流畅自然，展现出葫芦圆润饱满的形态。与之相伴的蓝色叶子、藤蔓蜿蜒曲折、脉络清晰，丝线的细腻描绘使得叶子仿佛在微风中轻轻摇曳，与葫芦巧妙地串联起来，蓝色的色调或浅或深，恰似宁静湖面上泛起的层层涟漪。从细节上看，葫芦与叶子、藤蔓的衔接处，绣线处理得极为精细，毫无瑕疵，使得整个图案栩栩如生。

蓝色二龙戏珠坎肩

（正面） （背面）

这款坎肩采用圆立领，对襟的设计，左右开裾，坎肩整体呈现出深邃而浓郁的蓝色，这种蓝色宛如辽阔的海洋，宁静而又充满力量。二龙戏珠的图案活灵活现，两条巨龙身姿矫健，蜿蜒盘旋，它们围绕着一颗璀璨的宝珠，争抢嬉戏，动作栩栩如生。海水江崖纹则为坎肩增添了一分波澜壮阔的气势。海浪翻滚，浪花飞溅，丝线的巧妙运用使得海水仿佛在流动，充满了动感。江崖的线条刚劲有力，象征着稳固与永恒。从整体来看，这件坎肩的图案布局精巧，二龙戏珠与海水江崖纹相互呼应，和谐统一。无论是在细节的处理还是整体的构图上，都展现出高超的工艺水平和独特的艺术审美。

　　海水江崖纹的丝线如波如浪，细腻地勾勒出汹涌澎湃的大海，每一道丝线仿佛都在表达海浪的涌动，海浪高高涌起，形成洁白的浪花，颜色层次丰富，从深蓝到浅蓝再到白色，过渡自然，仿佛能听到海浪拍打着礁石的声音。龙身盘绕在江崖之上，与下方的海浪遥相呼应。龙的威严与海水江崖的壮阔完美融合，让人感受到一种宏大而神圣的气息。

紫色花蝶如意坎肩

（正面）　　　　　　　　　　　　（反面）

　　这款坎肩采用圆领，对襟的设计，左右开裾。选用紫色缎面面料，前胸下部及两腋开衩处，均作如意云头形镶边，细腻的绲边如同一圈璀璨的光环，与坎肩的面料完美融合，增加了立体感，更凸显了其精湛的工艺。彩绣图案是丝线交织出的花枝和栩栩如生的蝴蝶。花朵娇艳绽放，花瓣层次分明，色彩鲜艳而逼真，蝴蝶轻盈飞舞，姿态优美灵动。深紫色的花边则为整个坎肩增添了一分沉稳与华丽。深紫色彩绣花边与衣身的紫色相呼应，营造出一种和谐而浪漫的氛围。

  蓝色的梅花犹如夜空中闪烁的繁星，神秘而冷艳。丝线细腻地勾勒出花瓣的轮廓，每一片都轻盈而清透，仿佛被一层薄霜所覆盖。蓝色的色调或深或浅，如同深邃的海面上泛起的层层涟漪，给人以无尽的遐想。粉色的梅花则如少女娇羞的脸庞，娇嫩而妩媚，温暖而柔和。花蕊纤细而金黄，更添灵动之感。蓝色和粉色的梅花交相辉映，或含苞待放，或尽情绽放，仿佛在诉说着春天的故事。枝条在画面中穿梭，和谐而美妙。其蜿蜒伸展的线条，流畅而富有生命力。苏绣的针法巧妙地表现出枝条的纹理和质感，粗糙而有力。

绿色镶滚彩绣花蝶坎肩

（正面）

　　这款坎肩采用圆领，对襟的设计，左右开裾。衣身浓郁的绿色犹如夏日里繁茂的树叶，营造出生机勃勃的景象。镶滚的工艺细致精巧，沿着坎肩的边缘做装饰，为其增添了独特的韵味，在领口、衣襟、下摆等处镶黑色的花缎边，黑色的线条流畅优美，与衣身的绿色和彩绣相互搭配，形成了鲜明而和谐的对比，黑色的花缎边上的黄色蝴蝶栩栩如生，翅膀轻盈而灵动，丝线的巧妙运用使得蝴蝶的色彩鲜艳夺目，层次分明，吉祥纹的图案精巧细致，寓意美好。吉祥纹与蝴蝶相间排列，营造出一种和谐、繁荣的氛围。这件坎肩既展现了绣工的精湛技艺，又体现了传统美学的独特韵味。

玉色镶滚彩绣葡萄藤纹坎肩

（正面）　　　　　　　　　　　　（背面）

　　这件坎肩采用圆领、对襟的设计，绣工精细，层次分明，主体颜色为柔和的玉色，温暖而素雅，绣工在玉色缎质地之上，用以紫色为主调的绣线绣制葡萄藤枝和花朵，颇具立体感。镶滚的工艺精致细腻，为坎肩增添了独特的装饰效果，绲边沿着坎肩的边缘流畅地延伸，展现出优美的线条。彩绣的金黄色花边华丽而耀眼，与玉色的主体形成鲜明的对比，更加凸显出其精美程度，花边以紫色葡萄和粉色花卉交叉排列，与衣身的葡萄藤相呼应。整体来看，这件坎肩色彩搭配和谐，针法细腻精湛。粉色花朵的柔美与葡萄藤蔓的坚韧相互映衬，彩蝶的灵动为整个画面增添了活泼感。

绣边上的葡萄藤蔓蜿蜒伸展，犹如灵动的紫色绸带在风中舞动，葡萄颗粒饱满，串串相连，从浅紫色到深紫色，丝线颜色过渡自然，呈现出葡萄颗粒的圆润晶莹，运用的针法多样而精妙，如套针使得葡萄粒更具立体感。衣身上的彩蝶于藤蔓间翩翩起舞，翅膀上的图案五彩斑斓，丝线的光泽使得彩蝶仿佛具有了生命。它们轻盈的姿态仿佛在与花朵和藤蔓共舞，构成了一幅和谐而美妙的画面。

第二节 大襟坎肩

  大襟的线条从领口一侧斜向另一侧腋下，通常会有重叠部分，形成独特的层次感。这种设计与对襟相比，更具含蓄、婉约的美感。大襟的开合方式可以用盘扣、纽扣，或者系带等方式固定，这些固定件也往往成为装饰元素，增添了坎肩的精致感。大襟坎肩剪裁需要较高的技巧，由于大襟的形状不规则，裁剪时要精确地计算布料的用量和形状，确保大襟的弧度自然、线条流畅。大襟坎肩的苏绣图案题材广泛，涵盖了自然界的万物、神话传说、历史故事等多个方面，注重对称、均衡和节奏感，使整个画面显得和谐统一，同时，在图案的布局上，会根据坎肩的形状和大小进行合理安排，使图案与坎肩的整体造型相得益彰。除了盘扣、纽扣等固定件可以作为装饰外，还可以采用织锦、印花等多种方式来增添坎肩的美感。

米色缎绣梅花彩蝶坎肩

（正面）

　　这款坎肩为圆立领，大襟右衽，米色缎面，质地光滑细腻，带着淡淡的温暖光泽，其上彩绣折枝梅花，镶米棕色梅花彩蝶纹缎边，衣身与镶边设色和谐雅致，散发着柔和而迷人的魅力。传统文化中，梅花与菊、兰、竹并称为"四君子"。梅花色彩鲜艳，傲霜斗雪，被赋予长寿、吉利的意涵。坎肩的剪裁合身，线条流畅，能够很好地展现出穿着者的身形曲线。它既可以作为日常穿着的点睛之笔，增添一分优雅与精致；也可以在重要场合中展现独特的品位和气质。

　　米棕色的缎边沉稳而温暖，如同大地的怀抱，使人安心。绣制其上的彩蝶和梅花的图案沿着边缘整齐排列，线条流畅。梅花傲雪绽放，花瓣粉嫩娇艳，仿佛能闻到清幽的梅香，枝干苍劲有力，充满了生机与活力。彩蝶在花丛间翩翩起舞，翅膀轻盈灵动，色彩斑斓，与梅花相互映衬，构成一幅生机盎然的画面。

　　绣制梅花丝线的色彩层次丰富，由淡杏色到深杏色，再到淡白色，巧妙地模拟出梅花由含苞待放的花骨朵到盛开的花朵的真实色泽。花蕊部分更是精雕细琢，用黑色、金黄色的丝线绣出细密的绒状，逼真地呈现出花蕊的饱满与娇嫩。彩蝶的触须纤细如丝，却又坚韧挺直，丝线的纹理清晰可见。稀疏针法、色彩过渡等方法的运用，使蝴蝶翅膀活灵活现，营造出逼真的效果。这件坎肩不仅展现了绣工高超的技艺，更传递出一种对自然之美的深刻理解和热爱。

玉色缎绣葡萄藤枝坎肩

（正面）　　　　　　　　　　　（背面）

　　这款坎肩为圆领，大襟右衽，米杏色缎面，是一件凝聚了无数巧思与精湛技艺的珍品，米杏色的缎面本身就散发着一种温润而典雅的气息，宛如清晨的阳光洒在古老的宫殿墙壁上。坎肩镶金黄色葡萄藤枝、小松鼠缎边，镶边的设色和图纹与衣身和谐统一，营造出一种渐进、自然的过渡之感。这种和谐一致的效果使得整件衣服看起来浑然天成，给人一种视觉上的舒适和美感。松鼠在传统文化中是长寿和吉祥的象征，葡萄藤连绵不断，象征着好运和福气的延续不断，寓意着生活的富裕和美满。

　　镶滚金黄缎边设计精巧，其颜色与米杏色底布的布料相互呼应，具有和谐统一的整体效果。边缘形状流畅，展现出独特的艺术美感。缎边宽窄适度，既不会过于夸张，又能恰到好处地突出大襟的轮廓。衣领曲线呈现出优美而流畅的弧度，既贴合人体颈部的自然曲线，又在视觉上增添了几分优雅与灵动。缎边沿着曲线边缘蜿蜒伸展，与曲线完美融合，进一步强调了曲线的优美形态。米黄色的玉珠扣与衣领的颜色和材质相互融合，温润而柔和，其色泽宛如秋日里成熟的稻穗，散发着一种内敛而醇厚的光芒。

金黄色宛如璀璨的阳光，热烈而耀眼，代表着尊贵与繁荣。而那深沉神秘的紫色葡萄，高贵而典雅。葡萄的颗粒感、饱满感，叶子的卷曲度，使作品更加逼真。小松鼠活灵活现，它们或是在葡萄藤间跳跃嬉戏，或是用小巧的鼻子嗅着花朵，憨态可掬的模样让人看了心生欢喜。松鼠的皮毛被苏绣针法表现得极为细腻，蓬松的尾巴仿佛让人感受到它们的柔软与温暖。这种色彩的搭配不仅在视觉上形成强烈的冲击，更能引发丰富的联想。它既展现了宫廷的庄重与威严，又不失活泼与灵动。

淡紫色镶滚彩绣花蝶坎肩

（正面）　　　　　　　　　　　　（背面）

　　这款坎肩为圆领，大襟右衽，左右开裾。其主体呈淡紫色，如同一缕轻柔的紫烟，透着宁静与优雅。坎肩的剪裁精致合身，贴合身形的线条流畅优美，尽显穿着者的婀娜多姿。坎肩采用镶滚彩绣工艺，在衣服边缘、衣襟、领口等处镶深紫色的花缎边，深紫色相较于淡紫色更加浓郁深沉，形成了鲜明的层次感和对比度，这种对比不仅没有破坏整体的和谐，反而使坎肩的轮廓更加清晰，线条更加优美，增添了一分精致和立体感。

　　彩绣部分更是为色彩搭配增色不少。绣线色彩选择与淡紫和深紫相协调，如浅粉、淡蓝、米白等。这些色彩相互交织、融合，在淡紫色的底色和深紫色的镶滚之间起到了过渡和丰富的作用，使得整个坎肩的色彩更加饱满、生动，充满了变化和韵律。绣边上的粉色、黄色花朵与蝴蝶相互映衬，灵动非凡，细腻的丝线绣制出斑斓的花纹，色彩鲜艳且过渡自然。它们或紧密相依，或错落有致，沿着服饰的边缘绽放出一片浪漫的花海。

粉色缎绣牡丹福气坎肩

（正面）　　　　　　　　　　（背面）

　　这款坎肩为圆领，大襟右衽，左右开裾。其主体呈粉色，宛如盛开的桃花，散发着甜美与温柔的气息。粉色主体与藏蓝色镶绣花缎边的搭配，形成鲜明而和谐的对比。粉色的柔和甜美被藏蓝色的沉稳所中和，使其既不失少女的纯真，又具备了宫廷的庄重。坎肩左右衣襟和开裾处绣有如意云头纹，形态优美，线条婉转，寓意着吉祥如意、万事顺遂，对称的设计彰显出一种秩序感，使得整体效果更加统一和协调。

主体部分的苏绣牡丹鲜艳夺目，花瓣层层叠叠。蝙蝠的"蝠"字与"福"字谐音，因此蝙蝠纹象征着福气。蝙蝠灵动飞舞于牡丹花旁，寓意着福泽祥瑞。整个构图布局错落有致，和谐统一。下摆处的银丝海纹更是精妙绝伦，银丝闪烁着璀璨的光芒，如波光粼粼的海面，又似繁星点点的夜空。波浪海纹线条流畅，富有动感，与上方的牡丹和蝙蝠相互呼应，象征着福气、富贵如同大海一样无边无际。

粉色的牡丹，花瓣层层叠叠，色泽粉嫩娇艳。绣工利用多种针法来营造出花瓣颜色的渐变和层次感。绕着牡丹的银丝花边，闪烁着耀眼的光芒，是这一作品的点睛之笔。这些银丝花边紧密相连，形成华丽的镶边。银丝勾勒出的海浪线条流畅而富有动感，显得波光粼粼。海浪纹的细腻与灵动，与粉色牡丹的娇艳和银丝花边的华丽奇妙地融合在一起。这种搭配既展现了牡丹的雍容华贵，又体现了海浪的奔放自由，刚柔并济，充满了艺术的张力。

蝙蝠主体的红色与粉色底色颜色和谐统一，鲜艳的色泽热烈而奔放，细腻的针法将蝙蝠的每一个细节都刻画得栩栩如生。蝙蝠身体饱满而富有立体感，微微弯曲的翅膀线条勾勒出灵动的身形，使是绣制的蝙蝠宛如精灵，为整个画面增添了一抹鲜艳而神秘的色彩。翅膀上的银丝边与海浪线条、牡丹花边相呼应，纹理清晰可见，仿佛能感受到它在空中飞翔时的轻盈姿态。

第三节　琵琶襟坎肩

　　琵琶襟坎肩的襟形类似琵琶，右襟短缺，不到腋下，左襟则掩于右襟之上，形成一种不对称的美感。这种独特的襟形设计，相较于对称的对襟或大襟款式，更具活泼、灵动的感觉，仿佛为坎肩注入了艺术的韵律。裁剪琵琶襟坎肩的难度较大，主要在于琵琶襟的形状不规则，需要精准把握右襟短缺部分和左襟掩覆部分的形状与尺寸，确保两襟结合后线条流畅自然，符合琵琶的形状特点。领口、袖笼、衣襟和下摆通常会采用绲边、镶边等工艺来装饰和加固，绲边的宽度和颜色选择要与坎肩的整体色调和风格相匹配，可以使用蕾丝、锦缎等材料，增添华丽感。通过对苏绣琵琶襟坎肩的研究和欣赏，我们可以了解到不同时期人们的生活方式、文化习俗和审美情趣，感受中国传统文化的博大精深。

橘红色镶滚彩绣花鸟坎肩

（正面）　　　　　　　　　　　　（背面）

　　这款坎肩设计为琵琶襟，立领，左右开裾。绣工精细，层次分明，刺绣者在橘红色缎面质地之上，以稍淡的绣线绣制花鸟，好似花叶伸展出绣面，颇具立体感。设色艳而不俗，领口、袖笼、下摆、衣襟饰有浅蓝色花绦，镶花卉缠枝黑色缎边，衣内衬为红色绸里。此坎肩装饰之图案打破了清代传统服饰纹样规矩、对称的构图方式，将主体花鸟图案饰于靠近前襟边缘的位置，融入了现代服装风格，新颖别致，夺人眼球。

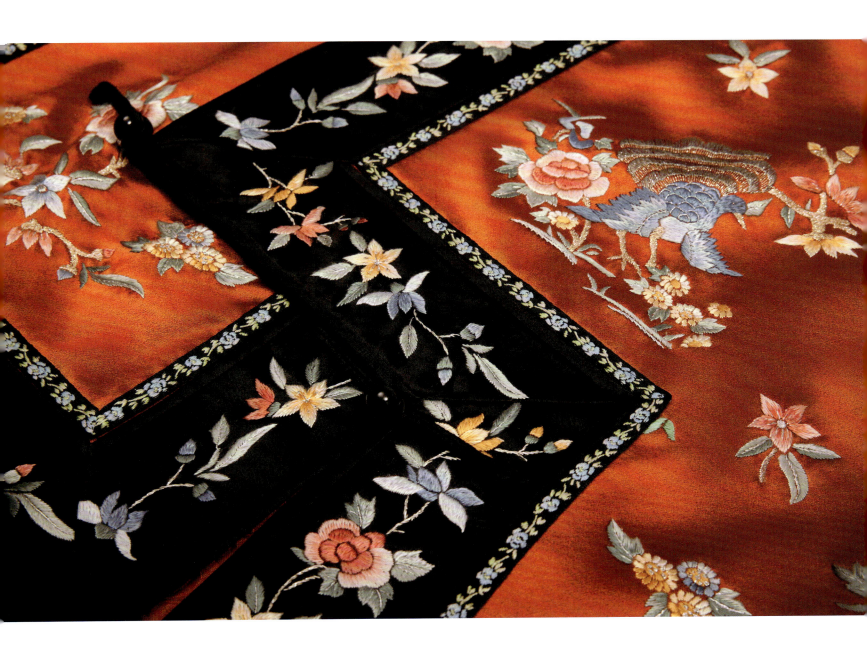

　　镶滚浅蓝色花绦蜿蜒环绕，一朵朵小巧精致的花朵图案仿佛在诉说着一段优美的故事，每一朵小花都绽放着独特的魅力，与衣袖的摆动相互呼应，营造出一种灵动而活泼的氛围。浅蓝色花绦贴合着坎肩边缘的线条，既起到了装饰作用，又展现出一种优雅的气质。在黑色缎边上绣制稍淡的粉、黄、蓝色花卉，利用优美流畅的缠枝线条，将各种色彩的花朵巧妙地串联起来，如同一段无声的旋律。丝线的光泽使得花卉在黑色缎料上闪烁，仿佛具有了生命，正悠然地生长、绽放。

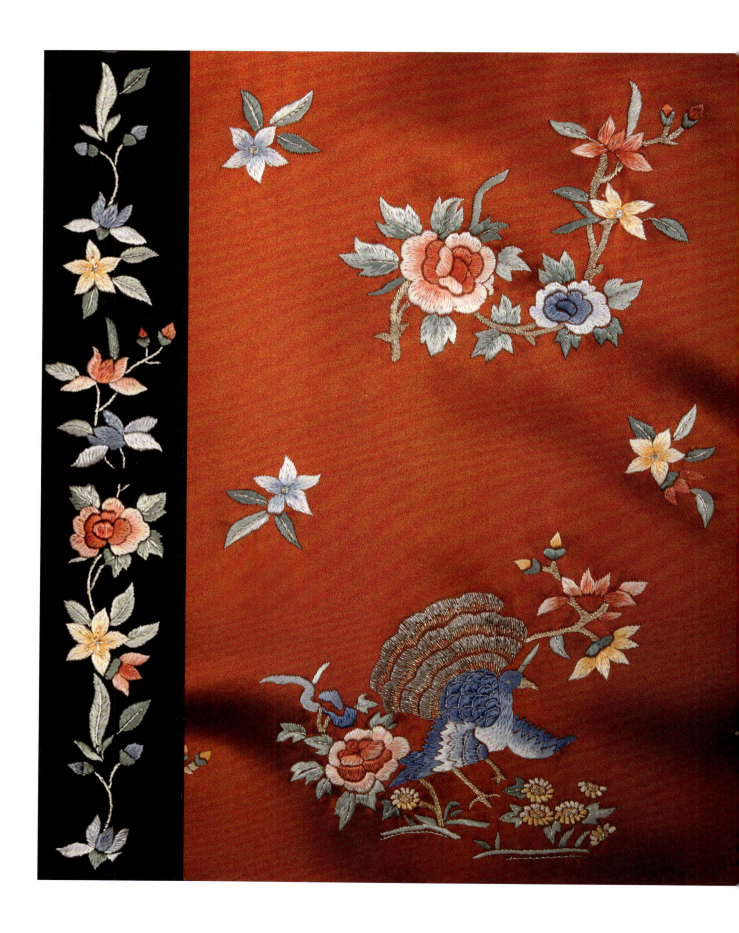

白色镶滚金丝彩绣蓝牡丹马褂

（正面）

  这款坎肩设计为圆立领，右衽，不对称式琵琶襟。工艺复杂，绣工精细，极具特色和艺术价值。白色纯净素雅，清新脱俗。金丝镶滚花纹细腻流畅，增添了华丽与贵气，使坎肩在视觉上更加引人注目。而蓝色牡丹的彩绣图案，又为其注入了一分自然与生机。金色菊花与蓝色牡丹的彩绣针法多变，绣出了丰富的层次，绣品栩栩如生，展现出高超的缝制技巧。绣边主要由花卉与吉祥云纹构成，前胸口和左右开裾处分别绣有孔雀图案，寓意着高贵、美丽和吉祥。这件坎肩布局合理，繁而不乱，绣边上吉祥云纹的巧妙布局给人以平衡、稳定与和谐的视觉感受，严谨而精致，其对称的排列方式更加强化了这种美好的寓意，表达了对顺遂、圆满的向往。

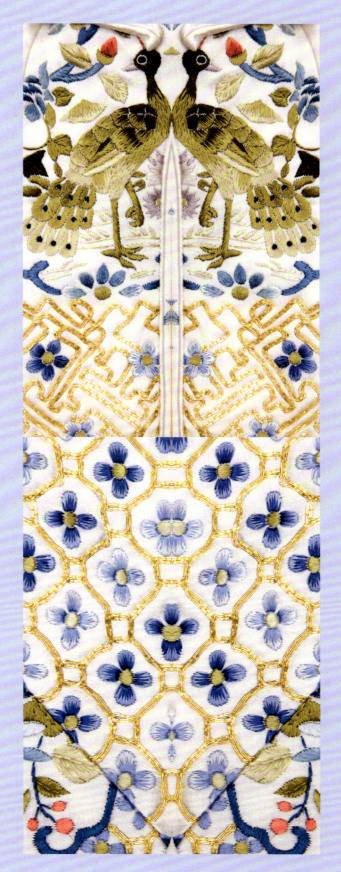

彩绣花边的设计精妙绝伦，金色的丝线纹理散发着奢华与高贵的气息，而其中点缀的蓝色小花则为其增添了一抹清新与灵动。蓝色与金色的搭配相得益彰，金色的璀璨光芒与蓝色的深邃宁静相互映衬，形成强烈的视觉冲击。从审美角度来看，这样的搭配既具有古典的优雅，又不失现代的时尚感。在传统的艺术作品中，如古代的织锦和刺绣中常常能见到蓝色与金色的巧妙融合，展现出当时手工艺人的高超技艺和独特审美。

在衣襟、下摆处的粉色、蓝色花朵轻盈地绽放着，花瓣娇嫩而饱满，与之相伴的是蓝色和黄棕色的叶子。蓝色的叶子宛如深邃的海洋，宁静而清冷，黄棕色的叶子则仿佛是秋日的余晖，成熟与稳重，细腻的针法，使得每一片叶子都纹理清晰，仿佛能感受到微风拂过时它们的微微颤动，花叶共同形成一个和谐的整体。

主体部分的蓝色牡丹花利用打籽绣的细密颗粒让花瓣显得饱满而富有质感，每一朵都宛如真实的花朵在微风中轻轻摇曳。金色丝线闪耀着耀眼的光芒，与蓝色牡丹相互映衬，形成鲜明而又和谐的对比。金色菊花绣制得十分精致，其线条流畅，形态优美，散发着无尽的光辉。这种搭配不仅在色彩上极具冲击力，在寓意上也十分丰富。蓝色牡丹象征着宁静、高雅和脱俗，而金色菊花则代表着富贵、辉煌和荣耀。两者的结合，既展现了出尘的气质，又彰显着尊贵的气度。

白色绣边花蝶坎肩

（正面）

（背面）

　　这款坎肩为圆领，右衽，琵琶襟。其材质轻柔顺滑，主体的白色并非单调的苍白，而是蕴含着温润的光泽，如同珍珠表面柔和而又持久的光芒，坎肩的边缘是精心绣制的花边，针法精细入微，花边之上，花与蝶的图案相互交织，构成了一幅生动的自然画卷。衣身和花边上的花朵精致而娇小，花瓣层次分明，色彩素雅，搭配和谐，或是粉色，或是蓝色，又或是黄色，在白色的映衬下显得格外娇柔妩媚。而蝴蝶则轻盈灵动，翅膀上的纹理清晰可见，色彩斑斓，与花朵相互呼应，营造出一片生机勃勃的景象。苏绣的丝线在光线下闪烁着柔和的光泽，使得花蝶图案更加栩栩如生。无论是近观还是远看，都能感受到其精湛的工艺和独特的美感。

坎肩的琵琶襟设计独具匠心，彰显着宫廷服饰的典雅与精致。琵琶襟的线条流畅而优美，从领口斜向一侧腋下，形成一道独特的弧线，既增添了服装的灵动性，又展现出一种别样的婉约之美。

透明白色玉珠纽扣，则是整个坎肩的点睛之笔。这些玉珠纽扣晶莹剔透，宛如清晨荷叶上的露珠，纯净而无瑕。每一颗玉珠都圆润光滑，散发着柔和的光泽。

第三章
CHAPTER THREE

裙曳湘罗漾曲尘——马面裙篇

第一节 传统马面裙

传统马面裙是中国古代裙装的杰出代表，它蕴含着丰富的历史文化内涵，展现出独特的设计风格与精湛的制作工艺。马面裙的主体由多个裙幅拼接而成，一般为四幅裙或六幅裙。这些裙幅围绕人体一周，形成圆筒状的裙身。裙身较为宽大，能够很好地遮盖腿部，行走时裙摆飘动，富有动感。其标志性的"马面"是裙子前后中心位置的两个矩形装饰面。马面通常较为平整、硬挺，与两侧的褶子形成鲜明对比。马面的宽度和长度因款式而异，上面装饰有精美的刺绣、织锦或其他图案，是展现马面裙华丽感的关键部分。裙身两侧是细密的褶子，常见的有百褶裙样式。褶子的数量众多且均匀整齐，增加了裙子的层次感和立体感。褶子的制作工艺要求很高，需要保证褶子的宽度、深度和间距一致，这样裙子在穿着和活动时才能呈现出美好的视觉效果。传统马面裙体现了中国古代的审美观念。其对称的结构、丰富的图案和优美的褶子，展现了中国传统审美中对对称美、和谐美和精致美的追求。同时，裙子所选用的面料和颜色也反映了不同时期的审美风尚。

黑色镶绣金海蓝牡丹襕干马面裙

  这款马面裙采用一片式黑色裙腰，两侧有纽襻，系带穿着。裙身通体为黑色，前后裙下摆绣有金银丝海水纹和银丝边牡丹花卉纹。金丝以其璀璨的光泽和细腻的线条，在黑色的裙面上描绘出壮阔的景象，闪耀着奢华的光芒，仿佛是阳光洒在海面上泛起的金色波光，银丝勾勒出的海浪边缘，似是海浪溅起的水花，灵动而富有生气，银丝边缘的柔和光泽与金丝相互呼应，形成微妙的对比。蓝色牡丹既清新脱俗，又不失庄重典雅，牡丹花瓣层层叠叠，柔美且饱满，花瓣边缘的银色丝线的光泽赋予了花朵生动的质感，与海水纹边缘相呼应。裙外缘、裙两胁制成的襕干条，将裙两侧划分为若干区域，每襕间以镶滚彩绣金黄蓝色花绦作装饰，如同一条条璀璨的星河，倾泻在裙边，每条花绦纤细而闪亮，以其精致的纹理和均匀的排列，为裙子勾勒出一道亮丽的边框，散发着冷冽而迷人的光泽，使裙子更具立体感和层次感。每襕间下摆处绣有金银丝海水纹，与主体裙的图纹一致，形成呼应效果。精美的纹样相互映衬，使得马面裙既具有海洋的壮阔，又有花卉的娇艳，展现出刚柔并济的独特魅力，蕴含着对生活的美好期许，寓意着力量与美好、财富与繁荣。

明黄色蝶舞蟾鸣富贵锦绣襕干马面裙

　　这款马面裙主体为明黄色，两侧有纽襻，系带穿着。前后裙门的下摆处绣有图纹，利用打籽绣的圆润饱满，构成金蟾背部凹凸不平的皮肤颗粒感。从浅白到浅绿再到深绿，展现出丰富的层次和微妙的色调变化，细腻地勾勒出其圆润的身躯，寓意着财富和好运。牡丹层层叠叠，尽显雍容华贵之态。从浅到深的色彩过渡，让花瓣的卷曲更具立体感，仿佛能看到光线在其上的明暗变化。丝线的光泽为花瓣增添了一分柔润的质感，显得更加真实可触。凤尾蝶颜色斑斓，从柔和的浅粉到娇艳的玫红，再到绿、蓝冷色调，过渡自然和谐，最引人注目的当属凤尾般华丽的后翅，其复杂而优美的纹路，如同凤尾上绚丽的羽毛。铜钱纹成串排列，精致而富有秩序感，黑棕绣线的搭配使铜钱纹显得格外醒目，为马面裙增添了财富和繁荣的寓意。这些精美的苏绣图案相互交织成整齐的方形，相互映衬，在明黄色的裙面上构成了一幅满载着吉祥寓意和美好祝福的画卷。明黄色作为主色调，鲜艳夺目，充满活力与热情，彰显出高贵与庄重。它如同阳光般耀眼，散发着自信和威严的气息。而黑色边缘则起到了很好的衬托和平衡作用。黑色的深邃与神秘，为明黄色的活泼增添了一分沉稳和内敛。这种对比使得裙子的轮廓更加清晰，造型更加立体。裙两胁以黑窄边制成襕干条状，最外缘以黑色窄边作包边处理，裙下摆部分镶边处理与前后马面的黑色边缘一致。整体裙装简洁明快，刺绣技法高超，于富贵典雅之中透露出秀丽灵巧之风。

酒红色八宝银丝澜波纹马面裙

  这款马面裙色泽浓郁而醇厚，裙边先以镶金丝回字纹绣边，回字纹线条规整、连绵不断，象征着吉祥如意、源远流长；外缘再以黑色缎包边，宽窄适度，线条笔直而整齐，不仅起到了装饰的作用，更增强了裙子的结构感和耐用性。每襕间裙面都绣有八宝纹图案，工艺精湛。每襕间裙面下摆处银丝勾勒的海水纹栩栩如生，绣法的变换展示出海水波涛汹涌的流动姿态。银丝闪烁着清冷的光芒，与底料颜色相互映衬，色彩华丽的葫芦、渔鼓、花篮、荷花、阴阳板等八宝纹元素则以其丰富多样的形态，错落有致地分布在裙面上，使整个裙面犹如一座绚丽多彩的艺术宝库，每一个元素都绽放着独特而耀眼的光芒，展现出浓厚的传统文化底蕴，传递出人们的美好祝福，更赋予了马面裙一种庄重而典雅的气质。

第二节　新式马面裙

　　新式马面裙是在传统马面裙的基础上，结合现代设计理念和苏绣工艺创新发展而来的一种独特裙装。它既保留了传统马面裙的文化底蕴和基本结构，又融入了新的元素和工艺，展现出独特的魅力和时尚感。在传统马面裙的基础上，对其裙长、裙摆宽度等进行了适度调整，一些款式采用了适度收窄的裙摆，更显简洁利落，方便行走和活动，同时也符合现代时尚的简约风格。采用了更加大胆和新颖的色彩组合，将传统丝绸与现代面料相结合，既能发挥各种面料的优势，又能创造出独特的质感和视觉效果。裙身的花鸟鱼虫、山水人物、吉祥纹等图案，蕴含着丰富的文化内涵和美好寓意，如美好、吉祥、幸福、长寿等，这些寓意在现代社会依然具有重要的价值和意义，能够给人们带来精神上的慰藉和美好的祝福。随着全球化的发展，苏绣新式马面裙也逐渐走向国际舞台，成为中国时尚文化与世界时尚文化交流的重要载体。

黑色缎绣牡丹瓶马面裙

　　这款黑色马面裙两侧有纽襻，裙上绣有牡丹、花蓝花瓶纹样。绣制的花朵形态各异，有玫瑰、菊花、桃花等，有的饱满艳丽，有的小巧玲珑，有的清冷神秘，丝线的巧妙运用使得花瓣的颜色过渡极为自然，从浅橘到深粉的渐变效果，如同晚霞般绚丽多彩，尤其是黑色边缘淡淡的阴影处理，营造出强烈的光影感和立体感，使得每一片花瓣都柔软而富有弹性，仿佛在微风中轻轻摇曳。蓝色花瓶轮廓清晰，弧度圆润，光滑而温润，蓝色丝线的运用富有层次，从浅蓝到深蓝，过渡自然，仿佛光影在花瓶上流动，花瓶宛如一位优雅的守护者，稳稳地承载着娇艳的花朵。主体马面外缘和裙两胁下摆处先以镶滚蓝黄色花绦为饰，又以蓝紫花卉宽绣边作为装饰，与主体马面装饰形成呼应效果。左右每襕间以绣花卉纹作装饰，错落有致地分布着，形成一种自然而富有韵律的美感。整体裙装绣法细腻，呈现出复古优雅的风姿。

粉色暗花底绣金枝花卉马面裙

  这款粉色马面裙两侧有纽襻，裙身通体为粉色，洋溢着清新与浪漫，裙身以暗花枝叶纹为底，光线下暗花枝叶纹会闪烁出微弱的光芒，若隐若现，营造出朦胧的美感。前后裙身绣金枝玫红花卉纹，金丝绣制的枝叶熠熠生辉，线条流畅而富有弹性，勾勒出花枝的舒展与自然。玫红色的花卉纹，则是整个画面的焦点。滚针勾勒出其金丝边缘，打籽绣和色彩的渐变效果赋予了花卉立体感和层次感。金色枝叶与玫红色的花卉相互映衬，构成了一幅和谐而美丽的画面。金丝的璀璨与花卉的艳丽相得益彰，展现出一种高贵而又浪漫的气质。金枝玫红花卉纹非对称地绣制在裥间，增强了随意感，非对称的布局打破了传统的平衡与规整，赋予了图纹以灵动和生命力。

黑色百蝶紫韵马面裙

  这款黑色马面裙两侧有纽襻，裙上以凤尾蝶为纹样。众多的紫色凤尾蝶在苏绣的精妙演绎下，构筑了一个梦幻的蝶舞世界。一只只紫色凤尾蝶振翅欲飞，姿态万千。有的翅膀轻盈舒展；有的翅膀微微合拢；有的翅膀蓄势待发，宛如一片流动的紫色云霞。凤尾蝶纤细而修长的触角微微弯曲，纹理细腻入微，或平行，或交错，交织出复杂而又和谐的图案。多种针法使得翅膀极具立体感，绣线的堆叠和交织，让斑点微微凸起，有着细微的质感和触感，翅膀的纹理和色彩融合自然，为蝴蝶增添了灵动之美。主体马面外缘与裙两胁下摆处均先以镶滚紫黄色花绦为饰，又以紫色花卉宽绣边作为装饰，与主体马面装饰形成呼应，绣边上的丝线细腻交织，脉络清晰可见，浅紫到深紫的微妙过渡，营造出光影效果。有的叶子微微地卷曲，与淡雅清新的紫色花朵交织相伴，流畅而优美。左右每襕间绣以凤尾蝶纹作装饰，紫色凤尾蝶自裙摆下缘向上由大到小排列，形成了一种独特的视觉韵律。整体裙装绣法细腻，呈现出复古优雅的风姿。

183

第四章
CHAPTER FOUR

罗衣璀璨赋洛神——披肩篇

披肩是一种融合了精湛苏绣工艺与实用披肩功能的精美服饰配件，它以其独特的艺术魅力而闻名。苏绣的针法细腻多样，这些针法绣出花鸟鱼虫、山水人物等丰富多彩的图案，栩栩如生，充满了艺术感染力。丝线的选择也极为考究，优质的丝线光泽柔和、色彩鲜艳且持久，通过巧妙的色彩搭配，能营造出绚丽多彩的视觉效果。在款式设计上，苏绣披肩通常有多种形状和尺寸，以满足不同的搭配需求和场合需要。常见长款披肩可增添优雅气质，既可以作为日常保暖的实用物品，又能在特殊场合成为提升穿着者气质和品位的时尚配饰，搭配礼服或日常服装都能展现出穿着者独特的风格。苏绣披肩承载着丰富的文化内涵，其图案往往蕴含着吉祥、美好的寓意，是中国传统文化的生动体现。无论是作为礼物馈赠他人，还是自己收藏佩戴，苏绣披肩都具有极高的价值，它将传统工艺与现代生活完美结合，是艺术与实用的美妙融合之作。

金黄色龙凤戏珠披肩

  这款金黄色龙凤祥云披肩，宛如一件凝聚天地祥瑞的珍宝。金黄色如同初升的骄阳，光芒万丈又温暖和煦。它浓郁而醇厚，每一丝每一缕都仿佛在诉说着古老的辉煌。

  在披肩中央，龙凤呈祥的图案呼之欲出。龙身蜿蜒盘旋，仿佛在云雾之间游动，灵动而矫健，龙眼炯炯有神，似蕴含着无尽的威严与力量，龙须线条流畅，根根分明，仿佛在随风飘动，充满了灵动之美。金色丝线绣出的龙鳞闪烁着灼灼光华。龙嘴张开，露出尖锐的龙牙。绣线的色彩运用巧妙绝伦，或明或暗的银色与黑色丝线色调交织，使得龙头富有立体感和层次感。龙角刚劲有力，向上耸立，展现出一种不可侵犯的气势。

  披肩运用多种针法，如盘金绣描绘出龙身的平滑轮廓，珠绣与打籽绣营造出龙鳞的层次感和立体感，盘金绣表现出龙须发的飘逸之态。鳞片层层叠叠，紧密排列，龙鳞在深浅不一的红锈色丝线打籽绣技法演绎下栩栩如生，打籽绣的籽结使得龙鳞微微凸起，具有真实的质感，更加营造出龙鳞的立体感和层次感。绣制好的龙鳞部分，用特殊的工具镶嵌黄色小金珠，增强了作品的立体感和光泽感，小金珠的排列整齐而紧密，黄色小金珠的明亮色泽在深沉的底色衬托下，显得更加夺目，每一片龙鳞都闪耀着神秘而迷人的光芒。龙鳞镶黄色小金珠的苏绣工艺需要高超的绣技和丰富的经验，同时也需要耐心和细心。

  披肩上的银丝凤凰宛如从神话中降临的祥瑞之灵，在绸缎上闪耀着璀璨的光芒。银色丝线绣制而成的凤凰，每一根线条都流淌着灵动与华贵。凤凰的头部高昂，银丝勾勒出的凤冠精致而威严，以黄色为底，点缀着黑色的斑点，色彩鲜明且对比强烈，犹如初升的朝阳，散发着温暖而明亮的光辉。凤凰的羽翼舒展，根根银羽清晰可见。丝线的光泽赋予了羽毛一种独特的质感，仿佛在微风中轻轻颤动。凤凰的身躯流畅而优美，银丝交织出的线条流畅自然，将凤凰的优雅姿态展现得淋漓尽致。从远处观赏，苏绣银丝凤凰宛如一件闪闪发光的艺术品，镶嵌了无数颗细碎的钻石，闪烁着冷冽的光辉，散发着神秘而高贵的气息。凑近细看，能感受到每一处细节所蕴含的匠心与深情。

  龙凤戏珠的珠子也可谓是匠心独运，最令人瞩目的，当属珠子上逼真的毛流感。银色丝线的巧妙运用，使得这些绣线仿佛在微风中轻轻摇曳，增添了一分灵动与鲜活。而镶嵌在珠子上的绿色小钻石，则为整个作品增添了璀璨夺目的光彩。这些小钻石晶莹剔透，闪耀着迷人的光芒。它们与毛流感相互呼应，形成了一种独特的视觉冲击。每一颗都被精准地镶嵌在毛流之间，恰到好处地融入整个画面，既不显得突兀，又能凸显出珠子的华丽与尊贵。

  祥云的银色边缘细致地勾勒出祥云的形状，使其轮廓清晰而醒目，为其增添了一抹璀璨的光辉。打籽绣技法赋予了祥云饱满而立体的形态，每一个籽结都圆润精致，紧密排列。飘逸的祥云环绕着凤尾，凤尾的尖端在云间若隐若现，营造出一种神秘而又迷人的氛围。丝线的巧妙运用使得祥云的层次感丰富，而凤尾的羽毛则显得更加丰满，色彩的过渡自然流畅，给人以视觉上的享受。

  披肩轻轻披在身上，仿佛瞬间披上了一层祥瑞的光芒。它不仅是身体的温暖呵护，更是心灵的慰藉与荣耀的象征。

红色龙凤牡丹团披肩

  这款披肩底色是鲜艳而热烈的红色，充满了激情与活力。金色的龙凤图案在红色的底布上熠熠生辉。龙身矫健有力，蜿蜒盘旋，凤凰身姿优美，尽显高贵与祥瑞。龙凤相互呼应，交织出一幅和谐美满的画面，寓意着吉祥如意、幸福美满、家庭幸福。浅蓝色的牡丹团簇于龙凤之间，宛如清新脱俗的仙子。牡丹花瓣层层叠叠，色泽淡雅而不失娇艳，丝线的细腻交织使得花瓣仿佛具有了生命，在微风中轻轻摇曳。牡丹的浅蓝色与底色红色、龙凤的金色形成鲜明而又和谐的对比，增添了一分清新与优雅。整体来看，这件披肩的图案布局精巧，相互呼应，展现出一种对称美和平衡感。

  金色的丝线闪耀着璀璨的光芒，细致地勾勒出花瓣的边缘，蓝色丝线细腻而柔和，通过打籽绣的技法，每一个籽结都圆润饱满，如同清晨花瓣上的露珠，晶莹剔透。它们紧密排列，精心布局在牡丹花瓣的纹理上，使得花瓣层次分明，富有立体感。那蓝色，或深或浅，仿佛是天空与海洋的交融，为牡丹赋予了一种神秘而宁静的气质。金边与蓝色的花瓣相互映衬，使得牡丹更加雍容华贵，光彩夺目。

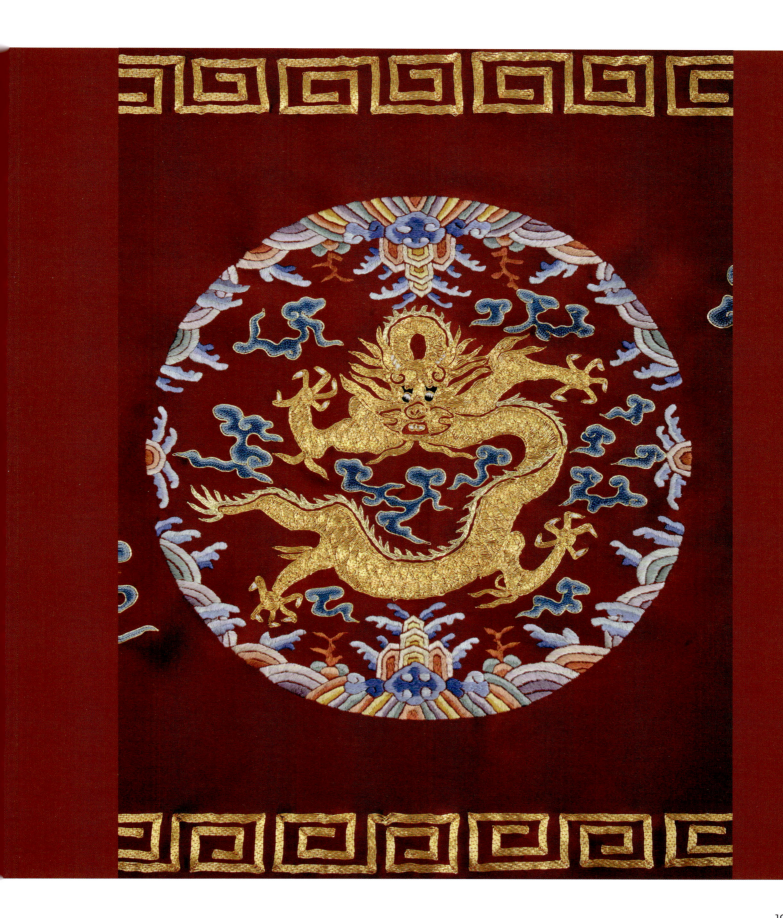

紫色龙凤牡丹团披肩

  这款披肩与红色龙凤牡丹团披肩款式一致，只是改用紫色为主色，在中国传统文化中，紫色也常被视为祥瑞之色，高贵而神秘。"龙凤牡丹"图案具有龙凤和牡丹的元素。并搭配传统的海水江崖纹和祥云纹。龙象征着权威、力量和吉祥，凤代表着高贵、美好和幸福。牡丹则是富贵、繁荣的象征。这件披肩既体现了传统工艺的精湛，又承载了丰富的文化内涵。海水江崖纹上，有许多波涛翻滚的水浪，水中立一山石，似箭镞堆垒，又如宝塔高耸，并有祥云点缀。通观纹样整体，即在汹涌的波涛间直立山石，寓意福山寿海——我们常说的"福如东海、寿比南山"。

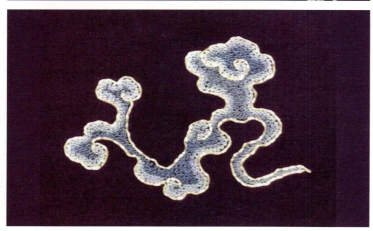

　　金龙目光炯炯，威严而深邃，金丝绣制而成的龙身，线条流畅而富有力量感，每一根金丝都闪烁着璀璨的光芒，仿佛有光芒在流淌。龙鳞在金丝的勾勒下，片片分明，细密而精致。龙爪刚劲有力，似乎随时能够冲破绣布，翱翔天际。从整体上看，这条金丝龙仿佛在云雾之中穿梭，身姿矫健，气势磅礴。

　　凤凰的头部精致而威严，金色丝线勾勒出的眼睛灵动且深邃，修长的尾羽更是华丽非凡，金丝绣制的纹理细腻入微，如同凤尾上镶嵌着无数的金色宝石，随着光线的变化折射出迷人的光彩。从整体上看，这只金丝凤凰身姿婀娜，仪态万千，仿佛栖息在一片祥云之中，散发着高贵、祥瑞的气息。

青绿色金色海水纹花朵披肩

  这款青绿色金色海水纹花朵披肩，仿佛是大自然与奢华的完美融合，披肩的底色是浓郁而富有生机的绿色，宛如繁茂的森林，宁静而舒适。绿色的底色与金色的海水纹相互映衬，花朵的点缀更是增添了一分浪漫与优雅。

  花卉颜色与底色搭配和谐，通过精湛的针法呈现出花瓣的轻盈与灵动，套针表现了淡紫粉色花瓣的色彩层次，使花瓣的颜色由浅至深过渡自然，仿佛在风中悠然飘落，打籽针点缀出花瓣上的细微纹理和斑点，展现出飘逸和祥瑞之感，增加了真实感和立体感。银色丝线勾勒出花朵的轮廓，使线条流畅而富有动感，展现出神圣的特质。飘落花朵除了柔和、淡雅的紫粉色，还有墨绿色的牡丹花，整体风格更加清新与优美。花卉和两边的金色海水纹相互映衬，构成富有诗意和浪漫氛围的画面，让人感受到大自然的宁静与美好。

金色的海水纹，如阳光般耀眼。每一道线条都流畅而富有动感，仿佛是真实的海浪在奔腾翻涌。银丝绿色牡丹花朵，则是这幅画卷中的璀璨明珠，花瓣柔美婉约，边缘闪烁着华丽的银色光芒。金色的海水纹与银丝绿色牡丹花朵相互映衬，相得益彰。海水纹的热烈与活力，为花朵增添了一分灵动与活泼；而绿色花朵的宁静与优雅，又为海水纹注入了一丝温柔与恬静。

红色金凤华灯披肩

　　这款披肩鲜艳夺目,散发着浓郁的喜庆气息,金色凤凰与花灯相间排列,形成一种独特而又和谐的韵律。金色凤凰的翅膀呈现出优美的团形,仿佛是一团正在凝聚的璀璨光芒。翅膀的轮廓清晰而流畅,细密的针脚绣出了羽毛的纹理和质感,展现出凤凰翅膀独特的形态和力量感。羽毛的尖端微微弯曲,呈现出自然的弧度,仿佛刚刚经历了一次飞翔,正在休憩。金色丝线在不同绣法下呈现出颜色深浅的变化,从而营造出光影的效果,其光泽感在光线的映照下熠熠生辉,使得翅膀看起来更加华丽而逼真。华灯的形状优雅灵动,上面的花朵精致巧妙,花瓣娇艳欲滴,针法的变换绣出了华灯的流光溢彩,其上绣有的吉祥图案,寄寓着美好的祝福。彩色华灯与金色凤凰相互映衬,为披肩增添了一分活泼与灵动。

　　这款披肩具有装饰性,富有传统文化韵味,能让人感受到苏绣的精湛技艺和独特魅力。它可以作为一件精美的艺术品,也可以在某些场合作为服饰的搭配,展现出穿着者独特的风格和品位。

浅粉古韵童嬉披肩

  这款披肩犹如一幅梦幻的童趣画卷，粉色的底色，娇嫩似桃花初绽，轻柔而迷人，散发着纯真与活泼的气息。苏绣工艺在这款披肩上展现得淋漓尽致，针线细密而均匀，绣线色彩丰富且过渡自然，勾勒出一个个生动活泼的孩童游玩场景，丝线在光的映照下闪烁着柔和的光泽，一针一线都倾注着绣工的心血。画面中，孩童们在一片青山、绿水、花丛之间尽情嬉戏。有的手持风筝，在草地上欢快地奔跑；有的在荡秋千，脸上洋溢着欢快的笑容；有的在炫耀那枝头熟透的果子，享受着丰收的喜悦；还有的在草地上追逐着五彩的蝴蝶，笑声在空气中回荡。极简的风景与欢快的孩童们构成了一幅和谐美好的画面。

  每一个孩童的神态、动作都被绣工巧妙地捕捉，栩栩如生，生动活泼。连孩童的服饰都绣制得极为精细，绣线清晰地勾勒出服饰的纹理。花朵的娇艳、绿草的鲜嫩都在细腻的绣线下显得格外逼真。孩童们每一个细节都被精心雕琢，无论是表情、动作还是服饰，都展现了最纯真美好的一面，这款披肩不仅是一件精美的服饰，也承载着孩童们无忧无虑、快乐游玩的美好时光，让人看了不禁心生欢喜，仿佛也回到了那段天真无邪的童年岁月。

207

附 录

红色香云纱龙凤祥纹氅衣

设计时间：2022 年

衣长：80 cm

肩袖长：60 cm

下摆：146 cm

黑底盘金夜阑马褂

设计时间：2022 年

衣长：90 cm

肩袖长：60 cm

下摆：137 cm

浅蓝翟凤花卉绸绣马褂

设计时间：2022 年

衣长：65 cm

摆围：120 cm

肩袖长：59 cm

金黄色镶滚彩绣牡丹蝶马褂

设计时间：2021 年

衣长：65 cm

摆围：132 cm

肩袖长：60 cm

绿色缎绣花镶边马褂

设计时间：2022 年

衣长：65 cm

摆围：132 cm

肩袖长：60 cm

黑色吉祥多福博古纹上衣

设计时间：2023 年

衣长：70 cm

肩袖长：64 cm

下摆：136 cm

宝蓝镶滚彩绣牡丹上衣

设计时间：2023 年

衣长：82 cm

肩袖长：58 cm

下摆：144 cm

黑色蝶恋花团上衣

设计时间：2023 年

衣长：90 cm

肩袖长：61 cm

下摆：156 cm

青绿色金海花祥云上衣

设计时间：2022 年

衣长：69 cm

肩袖长：63 cm

下摆：124 cm

娇粉色如意云花卉上衣

设计时间：2023 年

衣长：74 cm

肩袖长：62.5 cm

下摆：143 cm

藏蓝龙纹祥瑞上衣

设计时间：2022 年

衣长：68 cm

肩袖长：61 cm

下摆：137 cm

杏粉色如意花卉马褂

设计时间：2023 年

衣长：74 cm

肩袖长：61 cm

下摆：146 cm

缥色缎绣绣球花枝马褂

设计时间：2021 年

衣长：68 cm

肩袖长：61 cm

下摆：140 cm

白色缎绣蓝花蝶舞如意马褂

设计时间：2023 年

衣长：60 cm

肩袖长：60 cm

下摆：132 cm

杏黄色如意图纹花上衣

设计时间：2023 年

衣长：75 cm

肩袖长：62 cm

下摆：120 cm

凝脂黄百花团纹上衣

设计时间：2022 年

衣长：75 cm

肩袖长：62 cm

下摆：120 cm

紫灰色缎绣花畔古韵团如意上衣

设计时间：2023 年

衣长：75 cm

肩袖长：60 cm

下摆：130 cm

粉韵祥物花团上衣

设计时间：2023 年

衣长：76 cm

肩袖长：60 cm

下摆：136 cm

粉橘色蝶舞南瓜香上衣

设计时间：2023 年

衣长：75 cm

肩袖长：60 cm

下摆：130 cm

浅紫色镶滚缎绣荷花团上衣

设计时间：2022 年

衣长：68 cm

肩袖长：62 cm

下摆：132 cm

新中式米色绣繁花似锦坎肩

设计时间：2023 年

衣长：62 cm

下摆：112 cm

现代新中式金棕色褶皱繁花上衣

设计时间：2023 年

衣长：60 cm

袖长：53 cm

下摆：110 cm

新中式金黄色绣花拼接上衣

设计时间：2023 年

衣长：60 cm

袖长：53 cm

下摆：110 cm

新中式吉祥星竹花鸟上衣

设计时间：2023 年

衣长：62 cm

袖长：66 cm

下摆：112 cm

新中式吉祥花韵貂毛上衣

设计时间：2022 年

衣长：62 cm

肩袖长：52 cm

下摆：112 cm

新中式瑞紫绣福金珠马甲

设计时间：2023 年

衣长：58 cm

下摆：116 cm

紫罗兰银丝凤凰中长款坎肩

设计时间：2023 年

衣长：88 cm

宝绿缎绣桂花纹坎肩

设计时间：2023 年

衣长：62 cm

下摆：118 cm

黑色镶滚彩绣宝葫芦坎肩

设计时间：2023 年

衣长：88 cm

蓝色二龙戏珠坎肩

设计时间：2021 年

衣长：70 cm

下摆：122 cm

紫色花蝶如意坎肩

设计时间：2023 年

衣长：62 cm

下摆：124 cm

绿色镶滚彩绣花蝶坎肩

设计时间：2023 年

衣长：58 cm

下摆：120 cm

玉色镶滚彩绣葡萄藤纹坎肩

设计时间：2023 年

衣长：57 cm

下摆：122 cm

米色缎绣梅花彩蝶坎肩

设计时间：2023 年

衣长：76 cm

下摆：143 cm

玉色缎绣葡萄藤枝坎肩

设计时间：2023 年

衣长：88 cm

淡紫色镶滚彩绣花蝶坎肩

设计时间：2023 年

衣长：76 cm

下摆：144 cm

粉色缎绣牡丹福气坎肩

设计时间：2023 年

衣长：76 cm

酒红色八宝银丝澜波纹马面裙

设计时间：2022 年

下摆：400 cm

橘红色镶滚彩绣花鸟坎肩

设计时间：2023 年

衣长：60 cm

黑色缎绣牡丹瓶马面裙

设计时间：2023 年

下摆：400 cm

白色镶滚金丝彩绣蓝牡丹马褂

设计时间：2023 年

衣长：59 cm

下摆：116 cm

粉色暗花底绣金枝花卉马面裙

设计时间：2023 年

下摆：400 cm

白色绣边花蝶坎肩

设计时间：2023 年

衣长：60 cm

下摆：116 cm

黑色百蝶紫韵马面裙

设计时间：2023 年

下摆：400 cm

黑色镶绣金海蓝牡丹
　千马面裙

设计时间：2021 年

下摆：400 cm

金黄色龙凤戏珠披肩

设计时间：2019 年

尺寸：200 cm × 70 cm

明黄色蝶舞蟾鸣富贵锦绣
　千马面裙

设计时间：2022 年

下摆：400 cm

红色龙凤牡丹团披肩

设计时间：2019 年

尺寸：190 cm × 52 cm

 紫色龙凤牡丹团披肩
设计时间：2020 年
尺寸：190 cm × 52 cm

 红色金凤华灯披肩
设计时间：2019 年
尺寸：190 cm × 52 cm

 青绿色金色海水纹花朵披肩
设计时间：2022 年
尺寸：190 cm × 52 cm

 浅粉古韵童嬉披肩
设计时间：2019 年
尺寸：190 cm × 52 cm